Investir IMÓVEIS

Gilberto Benevides
Wang Chi Hsin

Investir em IMÓVEIS

Entenda os segredos práticos deste mercado

Presidente
Henrique José Branco Brazão Farinha
Publisher
Eduardo Viegas Meirelles Villela
Editora
Cláudia Elissa Rondelli Ramos
Projeto gráfico de miolo e editoração
Camila Rodrigues
Capa
Listo Estúdio Design
Preparação de texto
Camila Rodrigues
Revisão
Vitória Doretto
Gabriele Fernandes
Impressão
Edições Loyola

Rua Sergipe, 401 – Cj. 1.310 – Consolação
São Paulo – SP – CEP 01243-906
Telefone: (11) 3562-7814/3562-7815
Site: http://www.editoraevora.com.br
E-mail: contato@editoraevora.com.br

DADOS INTERNACIONAIS DE CATALOGAÇÃO NA PUBLICAÇÃO (CIP)

B413I

Benevides, Gilberto
Investir em imóveis : entenda os segredos práticos deste mercado / Gilberto Benevides e Wang Chi Hsin. - São Paulo : Évora, 2013.
128 p. ; 16x23cm.

ISBN 978-85-63993-xx-x

1. Mercado imobiliário – Brasil - História. 2. Investimentos - Brasil. I. Chi Hsin, Wang. II. Título.

CDD- 333.330981

Um agradecimento especial à Walter Lafemina, Luiz Rogelio Tolosa,
Elias Calil Jorge e Luiz Zanforlin, meus sócios, amigos e parceiros de tantas experiências no mercado imobiliário e de construção ao longo dos últimos 30 anos.
Para Marcelo Terra, advogado, parceiro de tantos negócios realizados.
Para Pedro Cesarino, parceiro de tantas campanhas publicitárias.
Para Claudio Bernardes (SECOVI) e Basilio Jafet (FIABCI) pelo apoio.

Gilberto Benevides

Para dona Ana Wang, Renata, Sophia e Liv, pessoas cujo amor e apoio me são essenciais, com as quais me sinto sempre em falta.
Para Firmino Machado da Costa, um amigo impecável, um brilhante empresário que não aceita limitações, cujos esforços concretizam o sonho da casa própria de incontáveis famílias.
Para Eduardo Diniz, um amigo justo e generoso, um colega arquiteto de sucesso, sempre disposto a analisar sob outro prisma e a dividir sua opinião.
Para Buca, José de Albuquerque, um jovem executivo, um profissional seguro do seu conhecimento e sempre pronto a compartilhá-lo, com quem nunca deixei de aprender.
Para Filippe Nunes, um competente e generoso parceiro de negócios, sempre disposto a ouvir e a ensinar.
Para Leandro Galli, um profissional de impecável conhecimento e cortesia, de completo domínio dos números, capaz de escavar colinas com pequenas colheres.
Para Guilherme Benevides, um jovem empresário que já faz presença e sucesso no dinâmico mercado da incorporação imobiliária.
À todas essas pessoas, tão únicas e especiais para mim, meu reconhecimento e eterno agradecimento.

Wang Chi Hsin

Prefácio

Baseados em uma rigorosa e plena vivência do mercado, os autores nos levam à uma sala de pós-graduação e nos impelem a buscar o que realmente queremos para nosso aperfeiçoamento profissional.

É um livro fascinante e ilustrativo, que aborda de forma detalhada as mais complexas operações imobiliárias, trazendo ao leitor entendimento, segurança, conhecimento e rapidez nas decisões.

O atual momento do mercado imobiliário é pujante e nos coloca diante de uma nova realidade, que nos faz perceber o quanto estávamos carentes de literatura apropriada.

Este livro, com certeza, suprirá esta lacuna e se tornará um guia de consulta permanente.

Nós congratulamos os autores, pela contribuição inestimável ao nosso mercado imobiliário.

Elbio Fernandez Mera

Vice-presidente de Comercialização e Marketing do Secovi (Sindicato de Compra e Venda, Locação e Administração de Imóveis Comerciais e Residenciais do Estado de S. Paulo). Ex-presidente do Conselho Consultivo e Ex-presidente Mundial Adjunto para as Américas da FIABCI (Federação Internacional das Profissões Imobiliárias). Diretor Sócio e Presidente do Conselho Administrativo da Fernandez Mera Negócios Imobiliários.

Sumário

Introdução

O mercado de imóveis no Brasil

Meu pai era um comerciante de joias e relógios. Paralelamente à sua atividade profissional, ele costumava comprar terrenos e construir casas para posteriormente, alugá-las ou vendê-las. Parece que esse segmento está mesmo no DNA de nossa família, porque meu filho, Guilherme, também acabou ingressando na área. Comecei a atuar no segmento de construção civil nos anos de 1970, numa época em que o Brasil crescia mais de 10% ao ano, como ocorre hoje com a China. Entre os anos de 1968 e 1974 vivemos um momento de grande euforia, que ficou conhecido como o "milagre econômico brasileiro".

O poder aquisitivo da classe média e da classe alta aumentava e a inflação era baixa. Uma das consequências deste cenário foi a dinamização do setor da construção civil. O Banco Nacional da Habitação (BNH), agente financeiro oficial na época, estimulado pelo desenvolvimento econômico, passou a direcionar grande parte de seus recursos para o financiamento de apartamentos e casas de alto padrão, indústrias de material de construção e obras de saneamento. Nessa época, foram construídas também grandes hidroelétricas, pontes e rodovias. Ou seja, havia muito trabalho para quem desejasse seguir a carreira de engenheiro civil.

Formei-me na Universidade Presbiteriana Mackenzie em 1974. Sentia atração, durante a faculdade, por dois setores da engenharia civil: fundações e cálculos estruturais, além da construção em si. Em pouco tempo, decidi ser engenheiro de obras e oito anos depois, passei para o segmento administrativo, que envolvia a criação de projetos e a parte comercial. Iniciei minha vida profissional em 1972, como estagiário numa empresa chamada Richter & Lotufo, que construía prédios de alto padrão em São Paulo e no Guarujá. No final de 1973, fui para a Gafisa, uma das grandes incorporadoras até hoje, e uma das principais do segmento, onde permaneci até 1984. Trabalhei como engenheiro de obra até 1980, e em seguida, atuei no setor de incorporação. A Gafisa propiciava oportunidades para engenheiros em começo de carreira.

Havia obras em todos os lugares. Vários trabalhadores eram convocados das regiões Norte e Nordeste para São Paulo. As empresas alugavam ônibus para buscá-los; as grandes companhias do setor de construção tocavam vários empreendimentos. Muitos prédios de escritórios no centro das avenidas Paulista e Brigadeiro Faria Lima foram lançados nessa época. As empresas chegavam a vender um prédio num final de semana. As pessoas compravam as unidades aos sábados e nos domingos, já havia revendas com ágio.

Naquele momento, alguns bairros, que hoje são valorizados em São Paulo, começaram a se desenvolver. O Itaim Bibi foi um deles. A Vila Nova Conceição era totalmente desconhecida. Os terrenos, a mão de obra e a construção tinham custo baixo. Os imóveis eram financiados pelo Sistema Financeiro de Habitação (SFH). Era muito fácil comprar um apartamento, assim como construir.

O aquecimento do setor chegou ao fim rapidamente. Ainda na primeira metade da década de 1970, o segmento de construção civil sofreu um enorme choque com o aumento abrupto do índice inflacionário. No caso do lançamento no bairro de Vila Nova Conceição houve, a partir do dia seguinte do anúncio do novo índice, um enorme número de cancelamentos de compras dos imóveis.

A inflação começou a corroer tudo. Na prática, as pessoas que desejavam adquirir um imóvel calculavam quanto teriam que desembolsar mensalmente. Como a inflação tinha chegado a 10% ao mês, grande parte da população passou a ter dificuldade para comprar a casa própria. Havia defasagem entre os aumentos salariais e a inflação. A realidade era evidente: os reajustes de salários não tinham o mesmo fôlego do índice inflacionário. Uma parcela inicial, em cinco anos, poderia valer trezentas vezes mais, considerando-se uma inflação de 10% ao mês. Haviam pessoas que faziam essa conta. Esse cenário era insano, se comparássemos o mercado imobiliário do Brasil daquela época com o dos Estados Unidos. Lá, o americano sabia, ao assumir sua hipoteca, qual seria o valor de sua última parcela, sempre em moeda estável. Por aqui, o consumidor que vivia de salário, começou a se distanciar da possibilidade de adquirir um imóvel. Somente aqueles que possuíam certa reserva de dinheiro continuaram a movimentar o mercado. Em suma: a inflação era o grande inimigo do assalariado e do mercado imobiliário.

Naquele momento, o SFH passou a aferir grande inadimplência. Por exemplo, no caso de um imóvel pronto que valia cem mil, oitenta mil vinham de financiamento e o consumidor entrava com vinte mil. Com a inflação, os oitenta mil, em pouco tempo, viravam 160 mil. Esta crise levou muita gente a deixar de pagar as prestações e desistir do negócio, mesmo desejando muito adquirir sua casa própria.

Os bancos começaram a fazer acordos, esticar prazos e a tomar imóveis de inadimplentes. Revendiam-os com preços inferiores aos que haviam sido anteriormente financiados. Rapidamente, as instituições bancárias tornaram-se mais precavidas, diminuindo o valor de seus financiamentos e, com a inflação, os consumidores passaram a ter grande dificuldade para obtê-los. Muitas vezes, haviam recursos para a construção, mas não para os consumidores adquirirem os imóveis. Os bancos são obrigados a investir no mercado imobiliário parte significativa da captação de poupança. Na época, alguns deles, para não correr riscos de elevar suas respectivas taxas de inadimplência, arquitetavam estratégias como, por exemplo, comprar carteiras de outras instituições e financiar material de construção.

A inflação afetou a economia até os anos de 1980, quando entramos em recessão. Justamente nesta década, mais precisamente em 1984, eu e outros sócios fundamos a construtora Company. Entramos numa nova era com novas empresas no mercado. Tudo o que fazíamos era diferenciado: qualidade de atendimento, de projeto e de localização dos imóveis. Trabalhávamos com empreendimentos de alto padrão a preço de custo. Apesar de todos os problemas da economia, não havia um cenário caótico. Naquela época, quem tivesse este perfil tinha de aprender a conviver com a inflação. Nosso primeiro produto foi lançado no Morumbi. Também chegamos a construir edifícios comercias, casas, flats, hospitais e fábricas. Realizamos centenas de empreendimentos, com mais de 2,5 milhões de metros quadrados incorporados. A Company atuou no mercado até 2008, quando foi adquirida pela canadense Brascan Residential Properties (BRP), passando então a ser denominada Brookfield Incorporações S/A., onde atuei por dois anos como seu principal gestor em São Paulo.

Com o sucesso do Plano Real, nosso mercado voltou a crescer. A globalização também ajudou a mudar tudo. Antes, quando faltava uma mercadoria, não havia a facilidade para adquirir produtos no exterior. Tudo envolve a lei da oferta e da procura. Hoje, o setor vive um cenário totalmente diferente. Os bancos estão abarrotados de dinheiro. Eles querem o cliente do financiamento para vender outros produtos, desejando fidelizar essa relação por vinte, trinta anos. O investidor em imóveis já paga prestações fixas de seu financiamento. A inflação no Brasil está contida. As pessoas conseguem receber as chaves ao pagar mais ou menos 20% do valor do imóvel. O restante é financiado pelos bancos.

Em meados dos anos 2000, várias empresas do setor desejavam construir empreendimentos e os bancos, financiá-los. Mas faltava dinheiro às companhias. A saída foi justamente a abertura de capital, lançando ações no mercado acionário, uma forma segura e barata de se obter recursos para financiar a expansão das atividades. Simultaneamente, com a estabilização inflacionária e cambial, alguns fundos financeiros internacionais entraram no Brasil, vislumbrando lucros significativamente maiores que nos seus países de origem. Nós mesmos, na Company, nos preparamos para este momento; fomos a quarta empresa do setor a abrir capital na bolsa de valores. Foi também uma excelente oportunidade para as pessoas com os mais distintos níveis de recursos investirem neste mercado.

Vivemos hoje numa economia muito mais estruturada do que nos anos de 1970. Não estamos inseridos numa bolha imobiliária, como algumas correntes defendem. Há países passando por uma séria crise nesta área. A Espanha é um deles. Em média, cada cidadão espanhol possui três imóveis. Um para morar e mais dois. Falta consumidor. Em Miami, vi pessoalmente um lançamento de prédio no qual apenas seis unidades foram vendidas. A produção do setor nos Estados Unidos é maior do que a demanda.

O americano é impulsionado a consumir. Eles são os "reis do *marketing*", de impulsionar o consumo. Lá era muito fácil se adquirir um cartão ou linhas de créditos, sem contrapartidas em garantias, os bancos totalmente generosos. Esses fatores colaboraram para o alto endividamento de muitos americanos. No Brasil, não existe essa cultura ou possibilidade. Tudo por aqui melhorou, no mercado imobiliário, mas não é por isso que as pessoas vão comprar três imóveis, como ocorreu em outros países, a exemplo da Espanha.

O cenário brasileiro está na contramão da realidade imobiliária americana. Aqui há grande demanda ainda pela primeira moradia. Muitos brasileiros não têm casa própria. E quem compra um apartamento de dois dormitórios, depois adquire outro de três; a tendência é adquirir um imóvel ainda maior. O estado de São Paulo é maior do que a França. O bairro de Santo Amaro abrigava um número maior de telefones fixos do que a Suécia. Entretanto, falta ao Brasil maior equilíbrio econômico-social em todas as regiões do País.

Temos uma tendência de estabilidade econômica. Vislumbro mais uma década de grande vigor para o mercado imobiliário brasileiro. A compra de imóveis está muito arraigada à cultura dos brasileiros e latinos em geral. Porém, sem informação qualificada sobre as nuances deste mercado, torna-se arriscada a conclusão de qualquer negócio. Esta obra apresenta, aos brasileiros interessados em realizar investimentos imobiliários, entre outros temas, os novos paradigmas do setor.

Por Gilberto Benevides

Minha família é de Taiwan, também conhecida como República Nacionalista da China, a pequena China, a capitalista. Chegamos ao Brasil em 1966. Na época, havia muita incerteza em relação ao futuro político do nosso país de origem, o temor era que o comunismo, reinante da China Continental, a grande China, a comunista, viesse abocanhar a pequena irmã, e tornar o comunismo o sistema político dominante, também, em Taiwan, como resultado de uma sempre latente guerra entre as duas Chinas. Tenho seis irmãos, sou o mais novo, e o serviço militar era obrigatório por três anos. Assim, emigramos para o Brasil fugindo de uma sempre iminente guerra entre as Chinas para um país conhecido pela sua tranquilidade e ausência de preconceitos raciais contra o imigrante.

Na época de escolher uma profissão, ouvi de meu pai que eu deveria trabalhar em construção. Ele, como imigrante, vislumbrava que havia muito a ser construído no Brasil, e de fato, havia e ainda há muito a ser feito. Fiz arquitetura na Universidade Presbiteriana Mackenzie. No terceiro ano da faculdade, entrei como sócio numa empresa loteadora e construtora. Trabalhávamos com loteamentos e construções residenciais na Grande São Paulo. Completei o curso em 1981, quando, em paralelo, cursava Direito na Universidade de São Paulo à noite. Posteriormente, fiz cursos de pós-graduações em Nova York, tendo focado em investimentos imobiliários. Mesmo não sendo minha atividade profissional principal por anos, pois atuei, por 20 anos, principalmente em informática, o mercado de imóveis sempre esteve presente em minha trajetória, como uma atividade paralela de investimento. Constantemente busquei oportunidades para investir e construir neste segmento. Estou no ramo de imóveis há mais de 30 anos, comprando e vendendo, viabilizando e participando de empreendimentos imobiliários dos mais variados tipos e portes.

Aos 25 anos de idade fui convidado para ser o *Country Manager* da Epson (*printers*) no Brasil, responsável pela implantação e gestão da subsidiária de uma das líderes mundiais em Informática. Montamos a empresa contando, inicialmente, com poucos funcionários, num segmento altamente competitivo, onde pude, como presidente da Epson, construir uma empresa de reconhecido sucesso. E ela teve início numa época de reserva de mercado no Brasil, quando a Informática foi preservada a favor das empresas de capital nacional, fechada para as de capital estrangeiro. Dificuldades quase intransponíveis, mas, mesmo assim, superadas. No ambiente corporativo de multinacional, aprendi bastante sobre profissionalismo, gestão de negócios, disciplina, onde eram mandatórias as rígidas práticas corporativas. O mercado de Informática, além de ser muito dinâmico, tem margens muito estreitas e é altamente competitivo; não perdoa muitos erros. Naquela época, ainda havia riscos cambiais, com muita oscilação do valor de nossa moeda frente ao dólar, alta volatilidade e instabilidade econômica. Paralelamente, continuei atuando no mercado imobiliário, para nunca esquecer a recomendação paterna, que no Brasil havia muito ainda a construir.

Infelizmente, na época que saí da faculdade, o mercado imobiliário não passava por grandes euforias, a informática, sim, me propiciava desafios e gratificações financeiras. Os dois caminhos da vida foram se encaixando por si, entre opções e disposições.

Com o lastro profissional decorrente da prática corporativa e multicultural, e com a experiência pessoal de mais de três décadas no setor imobiliário, percebi que a profissionalização e globalização do segmento no Brasil é ainda bastante recente, ela ocorre há cerca de cinco anos, pouco, considerando-se a história do País, e que ainda existem infinitas oportunidades, além do novo perfil e a escala de atuação das grandes incorporadoras. Contudo, ainda há muito que estruturar e organizar, em termos de legislação e regulamentação na indústria de construção.

Em setembro de 2002, tive um problema na tireoide. Naquele momento de profunda reflexão pessoal, conclui que queria mudar totalmente o meu estilo de vida, sair da alta intensidade do ambiente corporativo para uma nova situação onde eu exerceria melhor controle da minha vida pessoal e teria maior participação familiar. Tomei a decisão de sair da Epson. Às vezes, precisamos tomar um solavanco na vida para sairmos da zona de conforto e tomar decisões que mudam totalmente o percurso da vida. Havia passado muito tempo fazendo a mesma coisa, vinte anos num mesmo ambiente, apesar de ser constantemente desafiante. Era frequente a rotina de viajar para o outro lado do mundo, e retornar no dia seguinte. Minhas filhas eram pequenas. E eu só tinha 44 anos. Se quisesse, permaneceria na função até depois dos 65 anos de idade, nos moldes de uma multinacional japonesa, um *lifetime job*.

O problema inesperado com minha saúde conscientizou-me de que eu era, como todo ser humano, muito frágil e não estava acima do bem e do mal, como os altos executivos de grandes corporações às vezes acabam pensando. Decidi que conviveria muito mais com as minhas filhas. Vivia numa "zona de extremo conforto" como presidente de multinacional, mas era uma pessoa inquieta, de espírito empreendedor, precisava fazer coisas novas e vê-las se concretizarem, e queria encontrar novos desafios, mas mais localmente, mais próximo à família.

Vivi uma realidade profissional, como recém-formado, bem diferente do que ocorre hoje. No início da década de 1980, haviam poucos empregos para engenheiros e arquitetos. Naquele mercado, havia muito oportunismo e aventureiros. Bancos quebravam com mais frequência. A Comissão de Valores Mobiliários (CVM) e o Banco Central (Bacen) não estavam ainda bem estruturados e munidos de informações, hoje, amplamente disponíveis. Atualmente, há intermináveis vagas para quem quer atuar no setor imobiliário. Um estudante no segundo ano de faculdade já recebe convites para trabalhar no setor. Estas áreas estão na "crista da onda".

Há nove anos, desenvolvo duas atividades a primeira está relacionada com o desenvolvimento de oportunidades de investimentos em novos negócios ou recuperação de negócios em dificuldades, tornando-as de ideias, projetos em realidade, formatando um modelo de viabilidade econômica, identificando e aportando os recursos necessários para a concretização ou recuperação. A outra atividade é no desenvolvimento de oportunidades em incorporação imobiliária.

Atuo com alguns profissionais de *expertises* diversos e complementares, com o intuito de recuperar o valor operacional e econômico de uma empresa em dificuldade. Observamos qual o seu problema: dificuldades decorrentes de má gestão; limitação de recursos; dificuldades financeiras. Atuamos com empresas de pequeno e médio porte, de vários segmentos. Por ter contato direto com empresários do ramo da construção civil, cosméticos, blindagem de carros, entre outros setores, posso afirmar que a essência de todos os negócios é basicamente a mesma. Boa política de Recursos Humanos (RH), implantação de sistemas, logísticas, respeito ao dinheiro. A peculiaridade de cada negócio está nos segredos industriais, conhecimento de fabricação e nos seus mercados. Hoje, é gratificante receber convites profissionais para voltar a ambientes corporativos, mas é também muito gratificante conduzir empresas em dificuldade de volta à lucratividade, e sinto que estou preparado para enfrentar desafios dos mais variados tipos de empresas. O essencial é saber montar uma equipe comprometida em identificar os pontos débeis, operacionalizar e superar as dificuldades da companhia.

Em relação à segunda atividade, imobiliária, prospecto e identifico oportunidades. No momento em que se inicia a construção, a atividade operacional, não participo mais, cessa ali a minha atuação. O que me dá gratificação pessoal é ir a um local totalmente inativo, visualizar oportunidades, realizar os estudos necessários e maximizar as opções imobiliárias possíveis de serem implantadas, negociar e viabilizar investidores e investimentos, e constatar que o negócio tomará vida, será erguido, literalmente, criando oportunidades, gerando riquezas. Fico realizado quando percebo a quantidade de empregos que são criados a partir de um empreendimento que identifiquei do zero; engenheiros, arquitetos, operários, empresa de maquetes, gráficas, pessoas de vendas, advogados, cartórios. É prazeroso ver famílias realizando o sonho de comprar um imóvel, a celebração da compra no contrato assinado. Claro que o lucro por si é totalmente justificado, pois não trabalho numa Organização Não Governamental (ONG), atuo na iniciativa privada, onde a recompensa financeira é uma consequência que considero saudável e almejada. Quando falo em investimento imobiliário, penso em criar oportunidade de rentabilidade com viés social. Meu objetivo, no mercado imobiliário, é de criar renda, oportunidade e propiciar a concretização de sonhos.

O setor de incorporação imobiliária vive uma fase excelente. O mercado nunca teve tanta solidez como hoje. Brinco com meus antigos colegas arquitetos que nunca fiz projetos como arquiteto, mas que, na prática, já viabilizei milhares e milhares de metros quadrados construídos.

Concordo com Gilberto Benevides, quando ele diz que não vivenciamos "uma bolha" neste mercado. O setor imobiliário nos EUA é bem diferente do nosso. Lá as pessoas tinham duas ou três hipotecas, uma mesma hipoteca negociada duas ou três vezes perante bancos distintos. No Brasil, ainda se constrói para a primeira necessidade habitacional. Muita gente ainda mora com a família, no anexo da casa do sogro. Muitos brasileiros vivem em submoradias. Quantos ainda não possuem CEP, uma identidade postal? Ter um endereço é sempre motivo de orgulho, a possibilidade de obter reconhecimento, de obter créditos e financiamentos, ser inserido socialmente e ter reconhecimento social, ter identidade na massa urbana.

Quando havia inflação e instabilidade econômica, nos anos de 1980 e 1990, eu precisava usar meu relacionamento com executivos de bancos para conseguir financiamentos para amigos; financiamentos imobiliários, uma operação escassa, disponível somente para clientes muito qualificados dos bancos. A macroeconomia, com altas taxas inflacionárias, era um ciclo desvirtuoso: renda corroída gerava atrasos em prestações e, consequentemente, aumento de inadimplência e, por sua vez, diminuição no crédito e redução de vendas. Todas as peças da engrenagem estavam sincronizadas entre si, criando energia desfavorável. Hoje, numa realidade totalmente oposta, os bancos correm atrás dos clientes. Todo banqueiro quer um cliente de longo prazo, para quem poderão ser oferecidos os vários produtos. Este é o melhor dos mundos, um cliente fidelizado por trinta anos. A legislação atual protege os interesses dos bancos. Eles conseguem retomar, rapidamente, o imóvel de um cliente inadimplente, assim, o financiamento imobiliário tornou-se uma operação sadia e rentável, levando os bancos a colocarem recursos adicionais para a construção civil, propulsionando fortemente esse segmento.

O nosso país tem uma grande faixa de população jovem, ou seja, há muita gente capaz de produzir riquezas. O Brasil tem o perfil de exportador de itens *commodities* demandados por vários países. Milhões de pessoas estão ascendendo economicamente e entrando no mercado de consumo. Mais e mais gente está fazendo a primeira viagem de avião. Há um longo caminho pela frente, ampla substituição de costumes, criando novas oportunidades mercadológicas. A inflação é baixa, os juros estão em processo de baixa. O consumo está aquecido. Há mais oportunidades e empregos. A renda familiar está aumentando. Um profissional de nível médio pode comprar uma casa. Pela média, há incremento do nível educacional. Mais gente faz faculdade, gerando expansão da massa crítica.

Hoje, o setor imobiliário no Brasil é muito mais abrangente e dinâmico, com mais opções e tentações. As pessoas que desejam investir neste segmento precisam coadunar agilidade com informação. Nossa experiência de mais de três décadas no setor nos levou ao preparativo deste livro. Ele poderá ser-lhes útil, um guia de como adquirir um bem valioso, com mais segurança, trazendo-lhe respostas às tantas dúvidas, num momento de questionamento e de decisão tão importante, que é a aquisição de um imóvel.

Por Wang Chi Hsin

Boa leitura!

Capítulo I – Por que investir em imóveis?

A análise de experiências internacionais no setor habitacional revela a importância de investimentos na construção de novas moradias para consolidação de um processo de desenvolvimento econômico sustentado. Entre 1985 e 2005, a Espanha elevou em três vezes o investimento habitacional por habitante. Este aumento colaborou para que o país crescesse 3,3% ao ano, taxa elevada para o padrão europeu. O PIB espanhol elevou-se ainda mais, entre 1995 e 2005, registrando média de 3,63%. Em 1985, a Coréia do Sul apresentava um patamar de investimento *per capita* em habitação de 308 dólares, aferindo a 1.320 dólares em 2005. Durante este período, os investimentos habitacionais foram responsáveis por 0,64% do crescimento econômico de 6,6% ao ano. Entre 1985 e 1995, o setor contribuiu com 1,20% para o aumento do PIB coreano e o país cresceu 8,7% ao ano. A Irlanda registrou um exemplo ainda mais contundente da relação do impacto do desenvolvimento do setor no crescimento do PIB. Entre 1985 e 2005, o investimento por habitante em habitação no país cresceu mais de oito vezes. O crescimento econômico irlandês, entre 1995 e 2005, obteve uma média de 7,48% ao ano, durante este período o setor de habitação foi responsável por 1,21% do PIB[1].

No Brasil, a crise do extinto Sistema Financeiro de Habitação (SFH) foi um dos fatores responsáveis pela perda de dinamismo da economia. Durante o auge do sistema, entre 1965 e 1980, o investimento habitacional por habitante passou, convertido para a moeda atual brasileira, de 161 reais para 528 reais,

[1] BRASIL SUSTENTÁVEL: POTENCIALIDADES DO MERCADO HABITACIONAL. Ernst & Young Brasil. Disponível em: <http://www.ey.com.br/Publication/vwLUAssets/Potencialidades_do_Mercado_Habitacional_PDF_Publica%C3%A7%C3%A3o/$FILE/Potencialidades%20do%20Mercado%20Habitacional.pdf.> Acesso em: 15 de janeiro de 2012.

registrando crescimento de 8,2% ao ano. Nesse período, o País também experimentou taxas de crescimento da renda *per capita* expressivas, aferindo 5,7% ao ano[2].

O mercado imobiliário brasileiro vive hoje uma rota de crescimento sustentável, que tem tudo para perdurar durante décadas. Nos últimos anos, o País registra aumento de financiamentos imobiliários. Entretanto, ainda necessita incrementar seu sistema habitacional para que o mesmo supra seus desafios. A ampliação do financiamento e do investimento no setor de habitação propiciará impactos expressivos sobre a dinâmica de desenvolvimento econômico. Há hoje grande demanda por moradias no Brasil. Grandes grupos internacionais passaram a investir no país por considerá-lo um dos grandes mercados imobiliários do mundo. Toda cadeia que envolve a indústria da construção encontra-se em ritmo crescente de atividades.

As demandas deste mercado e suas projeções a longo prazo resultam da análise dos fatores demográficos e da dinâmica socioeconômica que condicionam a formação de famílias. O cruzamento desses dados revela a necessidade de investimentos contínuos no mercado imobiliário. As conclusões de demanda habitacional também levam em conta o aumento de registro de emprego e renda da população, o déficit habitacional, fruto de anos de estagnação da economia e do setor, e a necessidade de reposição de imóveis deteriorados.

Nos últimos vinte anos, a população brasileira cresceu 1,5% ao ano, taxa superior à média mundial (1,4%). Houve também crescimento demográfico em áreas urbanas. Em 1990, 74,8% viviam nestas regiões. Vinte anos depois, este percentual registrou 85,1%. Em 2030, 91,1% da população viverá nas cidades. No início desta década, cerca de 60% dos brasileiros terão 30 anos ou mais e a média de idade será de 36 anos. Haverá mais adultos aptos a formar famílias, que demandarão por mais moradias. A quantidade de famílias passará de 60,3 milhões para 95,5 milhões. Outro dado importante: o crescimento das famílias será mais acentuado em segmentos da população com renda crescente. Em 2030, a expectativa de vida da população será de 78,6 anos. No início desta década, o país terá 233 milhões de habitantes. Este novo contexto socioeconômico contará com taxa de juros mais reduzida[3].

---

[2] FUNDAÇÃO GETÚLIO VARGAS. Associação brasileira das entidades de crédito imobiliário e poupança. Disponível em: < www.abecip.org.br >. Acesso em: 21 de fevereiro de 2012.

[3] BRASIL SUSTENTÁVEL: POTENCIALIDADES DO MERCADO HABITACIONAL, São Paulo: Ernst & Young Brasil, 2008. Disponível em: http://www.ey.com.br/Publication/vwLUAssets/Potencialidades_do_Mercado_Habitacional_PDF_Publica%C3%A7%C3%A3o/$FILE/Potencialidades%20do%20Mercado%20Habitacional.pdf. Acesso em: 15 de janeiro de 2012.

Em um país com dados impressionantes assim, a demanda por imóveis já é e continuará enorme por muitos anos. E há um déficit habitacional gigantesco no país. O déficit habitacional considera brasileiros que vivem em moradias inadequadas ou coabitam com outras. Este universo compreende pessoas que residem em domicílios improvisados, como favelas e cortiços, e aquelas que coabitam numa mesma residência com outras famílias. Cerca de 20% dos brasileiros passam por uma dessas dificuldades. É importante frisar que necessidade habitacional não é o mesmo que demanda por moradias. Sua efetivação depende de geração de renda das famílias, estruturas de financiamentos e, claro, da eficácia da política habitacional. Em termos absolutos, a carência de moradias assume maior dimensão nos dois principais centros urbanos do país, São Paulo e Rio de Janeiro, seguidos pelos estados do Maranhão, Minas Gerais, Bahia e Pará.

Um investimento interessante

O Plano Collor, anunciado em março de 1990, confiscou dinheiro de contas correntes e de aplicações em *overnight* e poupança. Foi um momento muito peculiar de nossa economia, pois todos os brasileiros, dos mais ricos aos mais pobres, ficaram com praticamente todos os seus recursos financeiros retidos nos bancos. Porém, naquela época, nada ocorreu para quem tinha capital investido em imóveis, que, simbolicamente, nunca se deterioram.

Imóvel é uma segurança, mas sempre falamos para nossos amigos: ninguém deve investir todo dinheiro de que dispõe em imóveis. Esta é mais uma opção de investimento. A pessoa deve ter uma carteira de investimentos diversificada, que apresente ativos de baixa, média e elevada liquidez, para resgates a curto, médio e longo prazo. É importante possuir ações, aplicações em fundos, títulos públicos, CDB, poupança, etc. A liquidez de imóveis depende de algumas variáveis, mas na média, estamos vivenciando um momento muito favorável para venda. Por exemplo, conhecemos uma pessoa que conseguiu vender, em uma semana, sua casa em Angra dos Reis por 3 milhões de reais. Ela mesma ficou surpresa com a velocidade do negócio. Isso não acontece com todos os imóveis, mas nos grandes centros temos presenciado situações assim. Essa rapidez também está presente nos lançamentos. Hoje, mais da metade das unidades de um empreendimento é negociada nos primeiros dias de abertura de vendas. Desde 2009, estamos observando este panorama. Nunca a economia favoreceu tanto os negócios imobiliários e a tendência é que a demanda continue forte nos próximos dez anos. Alguns até podem pensar que apresentamos sinais do início de uma bolha, porém, isso não procede. O crescimento do mercado brasileiro é sustentável e está alicerçado em bases sólidas: o grande déficit habitacional e a crescente demanda de famílias e pessoas que já possuem o primeiro imóvel e desejam adquirir o segundo. É sempre lógico lembrar que milhões de famílias ainda não compraram o seu primeiro imóvel.

Dados do Censo 2010 revelaram que o Brasil possui 191 milhões de habitantes[4]. Neste universo, um em cada cinco brasileiros tem entre 20 e 29 anos de idade. Conclui-se que nos próximos anos, contaremos com uma população ativa superior ao total de idosos e crianças, quadro já ocorrido em países desenvolvidos. Esta configuração, conhecida como bônus demográfico, aliada ao aumento da renda, aos níveis de emprego formal e ao grande volume de recursos dos bancos destinados ao financiamento imobiliário, apontam o próspero caminho que será trilhado pelo setor nas próximas décadas.

Vivemos, em alguns momentos, consequências diretas, por estarmos inseridos numa economia globalizada. O último grande impacto econômico que repercutiu em todo mundo foi a crise americana, que começou a ocorrer no final de 2008. No Brasil, quem tinha dinheiro investido em ações sentiu bastante esta crise. Os proprietários de imóveis quase não foram impactados por ela. Um imóvel pode ser um investimento mais seguro do que uma ação, pois está sujeito a poucas variáveis capazes de impactar o seu valor. Uma pessoa pode comprar ações de empresas sólidas, no entanto, o mercado acionário é sensível a muitas variáveis.

Ainda sob esta perspectiva, é importante frisar que o mercado de imóveis também tem aprimorado e fortalecido as garantias oferecidas aos agentes financiadores e aos investidores (Alienação Fiduciária, Código do Consumidor e Lei do Inquilinato).

[4] IBGE – www.ibge.gov.br acesso em 20 de janeiro de 2012.

Capítulo II – Tipos de imóveis

Hoje, há muitas facilidades para se adquirir um imóvel. Os financiamentos estão acessíveis e mais baratos, podendo-se pagar o bem em longo prazo, em até trinta anos. Investidores com menos recursos têm condições de adquirir um imóvel pagando as prestações do mesmo com a renda de aluguel. É comum observar pessoas que adquirem imóveis pequenos para locação.

O ideal é não passar por apertos por causa de um investimento. A família que for investir em imóveis deve ter uma renda conjunta de no mínimo quatro vezes o valor da prestação do financiamento bancário (o endividamento não deve ultrapassar 30% da renda líquida familiar). São pessoas com bons cargos ou profissionais liberais com imóvel próprio. Há anos, existia uma incompatibilidade de preço com a cultura das famílias. Muita gente desejava ir para um imóvel maior e bem localizado, mas não tinha dinheiro para isso. Hoje, a estabilização da economia e a queda da inflação propiciam incremento no poder aquisitivo das famílias.

O investidor deve sempre pesquisar as empresas envolvidas no empreendimento, no caso a incorporadora[1] e a construtora. Há anos, a mídia divulgou a notícia de que uma grande empresa do setor havia lesado milhares de consumidores brasileiros que pagaram e não receberam seus imóveis. Afortunadamente, isso não tem mais ocorrido. O mercado desenvolveu-se muito e profissionalizou-se, os meios de controle se tornaram mais rígidos. Outra dica importante: analisar minuciosamente contratos, se possível, contando com a orientação de um advogado.

A pesquisa para compra deve incluir visita a *stands* de vendas, observação detalhada dos projetos de imóveis e das regiões onde estes serão lançados,

---

[1] Muita gente desconhece a atividade de uma incorporadora. Trata-se da figura jurídica que detém o negócio. Ela identifica e viabiliza a compra do terreno, desenvolve o projeto e o produto a ser lançado, trata das aprovações técnicas e documentais, contrata a construtora, a imobiliária que será responsável pela comercialização, disponibiliza, direta ou indiretamente, os recursos para financiamento da obra, bem como financiamento direto ou através de bancos para seus clientes. Ela é a responsável pela viabilização intelectual e formal do empreendimento, podendo, eventualmente, cumprir o papel de construtora, que cuida da atividade técnica em si. Sob sua responsabilidade, cria, viabiliza, concretiza e entrega o empreendimento.

conversar com os profissionais de corretagem imobiliária. É essencial visitar o bairro de interesse em horários alternados, checar se as ruas não têm problemas com inundações. Regiões movimentadas durante o dia podem tornar-se ermas no período noturno. Também é importante verificar se não há feira livre na porta ou imediações da rua onde está localizado, por exemplo. Existem também casos de variação de preços de imóveis em vias muito próximas. Quem busca investir pensando em valorização deve pensar também nas demandas da região. Procurar definir, com clareza, qual é a sua maior necessidade, por exemplo. Seria um imóvel para locação e renda? Pode ser por um apartamento de um dormitório numa região nobre, ou por uma unidade de três, que seja muito procurado por famílias. Aliás, são elas que ocupam imóveis com três e quatro dormitórios, considerados imóvel padrão no mercado. Ou seja, há mais concorrência neste segmento.

Outro ponto a ser observado: a densidade demográfica do bairro de interesse do investidor. O centro de São Paulo é um triste exemplo de região degradada e que, hoje, está passando por uma reformulação, graças a lei da "Operação Centro", que dá incentivos ao incorporador para empreendimentos, principalmente residenciais, nessa região ou para grandes corporações se alocarem ali, com seus escritórios e múltiplas atividades, ou seja, atração de mão de obra, revitalização urbana. Mas não podemos imaginar que bairros valorizados da cidade passem por isso. O centro se deteriorou por uma simples razão: as pessoas não moram na região onde há muitos imóveis abandonados. Moradores costumam cuidar de seus bairros. Por exemplo, na Suíça, em cidades maiores, existe uma lei que exige uma quantidade mínima de moradores em cada região, com homogeneidade de funções urbanas, entre usos comerciais e residenciais em determinado distrito urbano.

2.1 Apartamentos

Quem pretende investir em apartamentos, visando renda, deve optar por unidades menores. A renda mensal (valor bruto de locação) obtida com aluguel pode corresponder a 1% do valor do bem, o que é um patamar bastante atraente. Porém, na prática, nem sempre isso acontece. Muitas pessoas, para não ficarem com seu imóvel vazio e arcando com os custos condominiais e tributos, acabam alugando seu imóvel por 0,5% do valor, ou até menos. É mais fácil obter uma locação que atinja o valor de 1% do imóvel com, por exemplo, um apartamento de 200 mil reais do que com um de 1 milhão. Neste caso, mesmo que o investidor não consiga um aluguel de 2 mil reais, provavelmente, chegará próximo deste valor. E, no caso de necessidade de venda do imóvel, ele pode aceitar um desconto. Pode negociá-lo, por exemplo, com 5% de desconto, por 190 mil reais. O mesmo raciocínio não deve ser utilizado no caso de um bem de 1 milhão de reais. Retirar 50 mil reais do valor de um imóvel significa perda mais significativa em valores relativos. Conclusão: imóveis menores podem gerar mais renda e ter mais liquidez, porque existe maior quantidade de pessoas com poder aquisitivo para adquiri-lo. Outro dado relacionado à dimensão de um bem: um empreendimento lançado num bairro nobre com apartamentos menores do que o padrão da região tende a ser negociado rapidamente. É o dito popular: "a soma de um mais um é maior que dois...".

Hoje, há grande facilidade de obtenção de crédito. Assim, pode valer a pena investir num bem com intuito de gerar renda de locação. Por exemplo, nos grandes centros, há sempre população flutuante, como executivos ou estudantes. Esse público passa alguns anos numa cidade de porte e depois parte para outro lugar. Neste caso, o investidor também pode, inclusive, adquirir o bem financiado cujas prestações serão pagas com a renda de aluguel. Basta dar uma pequena entrada. Um imóvel bem localizado, para ser alugado por este público, é sempre um bom negócio. Pequenos apartamentos, destinados a locadores da nova classe média, também têm potencial de gerar renda.

Vale a pena investir em imóveis nas grandes cidades, localizados em regiões onde há oferta de transporte coletivo, preferencialmente de estação de metrô. Nos grandes centros vigora um cenário que mescla carência de transporte coletivo com morosidade de trânsito de veículos, que gera perda da qualidade de vida das pessoas.

Um imóvel, também, é uma boa alternativa de investimento quando adquirido numa região que tenha possibilidade de se desenvolver em curto ou médio prazo. Caso esta região de fato se desenvolva, o bem adquirido pode, em alguns casos, valorizar-se substancialmente. O investidor deve dar preferência a imóveis próximos a comércios, como padarias, açougues, farmácias, *shopping centers*, academias, centros de conveniências.

Existem regiões nobres na Grande São Paulo onde as pessoas precisam usar o carro para comprar um maço de cigarros, nas quais os moradores chegaram antes do comércio e serviços. Uma situação como essa, na qual as pessoas ficam reféns de carros, gera insatisfação e a consequência disso é a desvalorização ou lenta valorização do imóvel. Por outro lado, o aumento da oferta de comércio e serviços no Brooklin e Campo Belo em São Paulo, ocorrido nos últimos anos, valorizou muito o bairro.

Todo mundo deseja morar em bairros com boa infraestrutura (facilidades de transporte, comércio próximo, boa segurança, áreas verdes).

Quem deseja comprar um apartamento, prefere unidades que recebam sol e com boa vista externa. Hoje, se dá muito valor a terraços. Ele virou um espaço importante no apartamento. Imóveis com terraços têm janelas maiores, ou seja, mais luminosidade. Para ter mais liquidez, o investidor deve evitar adquirir uma unidade no primeiro andar. Os andares mais baixos costumam custar de 10% a 15% menos do que o preço médio do edifício. Claro que há exceções, como os apartamentos com jardins com vistas maravilhosas, inclusive com áreas verdes.

Deve optar por um andar médio, que são os primeiros a ser vendidos em lançamentos. Muita gente procura imóvel neste andar, por não gostar de altura, ou por sentir vertigem. Pensam, também, na possibilidade de falta de energia, mesmo cientes que grande parte dos condomínios possui geradores. Já houve casos de lançamentos de prédios em São Paulo, nos quais os mais altos foram os últimos a serem negociados. Essas unidades tendem a custar mais caro. Isso está mudando com os lançamentos mais modernos com edifícios de 30 a 40 andares.

2.1.1 Unidades não-convencionais

A cobertura, na maioria das vezes, é um imóvel bastante cobiçado. Mescla as comodidades oferecidas por condomínios verticais com a privacidade de uma casa. Não há vizinho morando em cima. Geralmente maiores em áreas privativas, seu preço de mercado costuma corresponder a mais de uma vez e meia o de uma unidade padrão, no mesmo edifício. Este valor pode até ser dobrado.

O investidor tem de avaliar bem uma cobertura antes de comprá-la. Como o espaço está dividido, em caso de duplex ou tríplex, em dois ou três pavimentos, quais tipos de benfeitorias existem (piscina, churrasqueira). Uma cobertura pode ter uma qualidade inferior a de uma unidade padrão do edifício, com perda de uso de áreas.

Existem, também, apartamentos de primeiro andar que disponibilizam área externa, no caso, um amplo terraço ou um jardim suspenso. Aparentemente, seria uma oportunidade de investimento. Um imóvel com ares de casa. Porém esse tipo de apartamento esbarra em três problemas, sob ponto de vista de liquidez e valorização: ele fica no primeiro andar ou andar térreo, os menos valorizados; sua taxa de condomínio é mais elevada e há ainda a possibilidade, real, da área externa virar alvo de objetos atirados por moradores de andares superiores. Infelizmente, nem todas as pessoas que habitam condomínios, mesmo aqueles mais luxuosos, têm educação e bons hábitos para conviver em comunidade. E a legislação brasileira não pune severamente essas pessoas, como ocorre nos Estados Unidos.

Muitas unidades apresentam belo visual e, na teoria, deveriam ser muito procuradas, por ofertarem uma área externa para lazer de crianças e adultos e até para animais de estimação. A realidade de mercado: vários lançamentos não conseguem vender esses apartamentos rapidamente.

2.1.2 Imóveis na planta

Geralmente, o imóvel na planta possui a melhor condição de investimento e potencial de valorização, entre adquirir o bem e recebê-lo há um espaço de tempo de aproximadamente três anos, do que um similar pronto. Durante este período, haverá inflação, o custo de construção e o valor do terreno aumentarão. Outra vantagem de comprar na planta, é a maior facilidade de pagamento, com prazo maior para pagar. A pessoa não precisa disponibilizar de 20% a 30% do valor para fechar negócio a curto prazo, (poderá diluir em torno de 25% do valor da compra ao longo de 24 a 36 meses, até o recebimento das chaves, quando pode quitar o saldo restante com recursos próprios ou assumir um financiamento imobiliário).

Um imóvel que estará pronto daqui a três anos terá tecnologia e projeto mais moderno, do que os já existentes no mercado; os projetos vão se alterando, significativamente, assim como os costumes das famílias, mudando a utilização dos ambientes. Ao adquiri-lo, o comprador, neste caso, está investindo numa promessa, pois o imóvel ainda não existe fisicamente. Por isso, é muito importante observar a idoneidade da construtora e incorporadora, responsáveis pelo empreendimento. E, claro, um imóvel na planta só terá boa valorização se estiver bem localizado e bem construído.

2.2 Casas

Grande parte das pessoas que deseja morar em casas procura imóveis localizados em condomínios fechados. Elas querem segurança, algo bem difícil de encontrar nos de rua, em grandes centros brasileiros. Quem busca valorização, não é aconselhável adquirir um imóvel que não pertença a um condomínio e é fundamental que este ofereça eficiente aparato de segurança aos seus moradores. O investidor precisa observar, também, os custos de um condomínio com poucas unidades. A manutenção pode ser muito onerosa, espantando possíveis compradores.

No fundo, as pessoas têm o desejo de morar em casas. Pensam em áreas e individualidade que não são encontradas em apartamentos, como quintal, jardim, piscina, churrasqueira. Desejam liberdade e privacidade. Porém muitas não optam por uma casa, não só por motivo de segurança. Esse tipo de bem envolve cuidados constantes de manutenção. Uma telha quebrada, um vazamento na piscina, um problema no jardim: é necessário ter em mãos uma agenda de telefones de profissionais aptos a resolver tais problemas. Ou seja, quem vive numa casa, não conta com as praticidades de um morador de apartamento. Os próprios trabalhadores domésticos, no momento de escolher emprego, optam por trabalhar em apartamentos. A verdade é que a maioria das mulheres, também, prefere estes imóveis. Além da questão da praticidade, teme pela segurança de sua família, bem como as pessoas que trabalham fora que não se sentem seguras de deixar a casa vazia enquanto estão ausentes.

Muita gente encontra dificuldade para vender uma casa não localizada em condomínio, os imóveis de rua. É comum observar proprietários esperando anos para conseguir negociar seu bem. Muitos colocam o preço lá embaixo e nem assim conseguem vender rapidamente.

Uma pessoa que detém informações sobre uma região pode lucrar com uma casa de rua. São casos muitos específicos, que fogem ao comportamento deste mercado. Por exemplo, uma pessoa pode saber que uma estação de metrô será construída em curto ou médio prazo, numa determinada região, ou ainda, que este bairro sofrerá mudança de zoneamento, na qual será permitido construir prédios. Neste caso, uma incorporadora pode fazer uma boa oferta a proprietários de vários imóveis para conseguir formar um terreno único, para ali erguer um edifício.

2.3. Terrenos

Uma opção de conseguir valorização com terrenos é adquirir unidades inseridas em condomínios fechados. Muita gente compra esses bens em cidades próximas dos grandes centros urbanos para, posteriormente, construir casas.

Nas grandes cidades, é possível obter boa rentabilidade com terrenos localizados em bairros que estejam em expansão ou passando por mudanças urbanísticas. Estes imóveis podem ser negociados no futuro com incorporadoras, sendo sempre vantajosas para proprietários de casas e de terrenos, que podem receber unidades de prédios como forma de pagamento. Estas operações são designadas como permutas.

Outra possibilidade de ganhar dinheiro com terrenos é antecipar as tendências de valorização. Por exemplo, pessoas que adquiriram imóveis na época do lançamento de Alphaville, Barueri, próximo a São Paulo, ganharam dinheiro no momento de negociá-las. É difícil obter os mesmos resultados com empreendimentos já consolidados.

Terrenos em condomínios fechados devem contar com infraestrutura eficiente: portaria; segurança; monitoramento; asfalto; iluminação; saneamento básico.

Antes de adquirir um terreno, identifique e analise bem os lugares que são vetores de crescimento das cidades – eles costumam apresentar infraestrutura em desenvolvimento (investimento em transporte, *shopping centers*). Os terrenos com potencial de valorização quase sempre estão nestas áreas.

2.4 *FLATS*

Flats são apartamentos com serviços de hotelaria, como: lavagem e troca de roupa de cama e banho, lavanderia, arrumação diária, recepção, manobristas. São explorados comercialmente, através de *pool* de locação ou de locação direta com proprietário. São bens que geram renda, sem que o proprietário tenha, literalmente, um inquilino. O público que utiliza este tipo de imóvel necessita de praticidade em seu dia a dia. Muitos hóspedes estão em trânsito numa cidade, em férias ou participando de eventos.

Ao colocar o imóvel num *pool* de locação[2], o investidor aloca a sua unidade para administração hoteleira. Ao fazer parte de um *pool*, por meio de um contrato de adesão com a administradora, esse tem seu bem disponibilizado a potenciais clientes interessados em hospedagem. Cabe à administradora a responsabilidade sobre a ocupação da unidade, o recebimento das diárias e extras do hóspede, e a conservação dos apartamentos.

A distribuição da renda é rateada proporcionalmente com todos os integrantes do *pool*, mesmo que algumas unidades não tenham sido ocupadas. Nesses recursos já estão descontadas despesas como luz, IPTU, taxas de administração e de condomínio.

Os *pools* fazem uma reserva de dinheiro para possíveis reparos nas unidades. A decoração interior segue um mesmo padrão. O contrato de adesão, normalmente, tem prazo de vigência mínima de um e dois anos, podendo ser renovado automaticamente. No caso da retirada da unidade do *pool*, o proprie-

---

[2] *Pool* de locação acontece quando, através de uma administradora, as unidades são disponibilizadas para locação, a curto ou longo prazo, compartilhando-se as despesas e receitas, posteriormente divididas proporcionalmente entre todas as unidades participantes.

tário deve encaminhar sua solicitação junto à administradora no prazo máximo de antecedência de noventa dias. Há *Flats* que só operam por meio de *pool* e não oferecem ao investidor a possibilidade de locação direta.

Nesta, o negócio é feito diretamente entre o proprietário e o hóspede, sendo regido pelo Código Civil Brasileiro. Neste caso, as regras da Lei do Inquilinato não são válidas para a locação de *Flats*. Ou seja, em caso de inadimplência, o proprietário rapidamente retoma seu imóvel. Os valores de locação, do condomínio, imposto predial e outras eventuais, são negociados e definidos pelas partes de quem é a responsabilidade pelo pagamento. As unidades fora do *pool* não possuem decoração padronizada.

2.4.1 Novo cenário para investidores em condo-hotéis[3]

Os *Flats*, que chegaram a viver forte decadência até a primeira metade da década de 2000, voltaram a chamar a atenção do mercado imobiliário por apresentarem altas de ocupação nos últimos anos. Em São Paulo, eles têm aferido 70%. Aposentados, pequenos proprietários, profissionais liberais procuram por este tipo de imóvel em busca de rendimento mensal, sem abrir mão da segurança do setor imobiliário.

Investidores individuais e grupos especializados, com maior poder econômico, atuam no setor. Mesmo as pessoas físicas têm se unido em consórcios informais, operando, em conjunto, volumes maiores de unidades de *Flats*.

Estes viveram dois momentos de forte aquecimento na cidade de São Paulo. O primeiro deles ocorreu entre 1980 e 1982. Nesta época, havia poucos hotéis. Quando este produto começou a ser produzido, investidores chegaram a comprar várias unidades em um mesmo empreendimento. Prédios eram vendidos num único dia. As pessoas esperavam alcançar rentabilidade acima de 1% ao mês sobre o valor investido. O mercado recebeu muitos recursos. Em 1982, já havia *Flats* demais na capital paulista. Naquele momento, configurou-se uma super oferta. Muita gente acabou com unidades fechadas, tendo que arcar ainda com custos de manutenção. Esse cenário durou cerca de dez anos, período em que a economia passou por altos e baixos. O setor ficou saturado e os preços despencaram. Na metade da década de 1990, investidores de todos os portes voltaram a investir em *Flats*. Nesta época, os hotéis tinham alta taxa de ocupação. Na

---

[3] Condo-hotéis são empreendimentos com as mesmas características dos *Flats* antigos, mas com a diferença de que todos os apartamentos, obrigatoriamente, participam do *pool* de locação, não existindo a figura do usuário ou locação direta. São empreendimentos que funcionam como hotel.

década de 1980, os empreendimentos lançados tinham cerca de 100 unidades. No segundo momento de aquecimento, os lançamentos passaram a ter até 400 apartamentos. Naquela época, a economia brasileira estagnou-se por causa da crise da Ásia. E os proprietários tiveram de conviver com um cenário já conhecido: muitas unidades para poucos hóspedes.

Em 1997, um *flat* com 30 metros quadrados, na rua Guarará, no bairro dos Jardins, região nobre de São Paulo, custava 50 mil reais. Hoje, esta mesma unidade vale 300 mil reais. Um novo, com a mesma dimensão e padrão, é vendido, atualmente, por 400 mil reais. Hoje, este tipo de imóvel pode ser um bom negócio, não apenas em virtude da realização dos grandes eventos esportivos no país, mas também, por que os grandes centros urbanos brasileiros estão se transformando em polos dinâmicos de negócios, turismo e lazer. Um indicativo disso é o interesse de cadeias hoteleiras internacionais em construir unidades em São Paulo e outras grandes cidades.

A realidade é que o mercado hoteleiro, nos grandes centros urbanos, no Brasil, está muito carente de quartos.

Nos últimos anos, São Paulo, por exemplo, passou a receber muito mais turistas nos finais de semana, se comparado ao fluxo de vinte anos atrás. Muita gente viaja para a capital para assistir shows, peças de teatro, ir a restaurantes, passar finais de semana a lazer. Diante do cenário atual e futuro, é bom negócio investir em imóveis tipo *flat*. Haverá um período longo de boa rentabilidade. Trata-se de um investimento com retorno superior ao aluguel residencial.

2.5 Imóveis comerciais

Quando a economia cresce, as empresas grandes prosperam e as pequenas, que prestam assessoria, também seguem pelo mesmo caminho. Por isso, investir em pequenas salas comerciais é bom negócio. Há cada vez mais pessoas abrindo seu próprio negócio. Pequenos espaços deverão ter grande taxa de ocupação, por muito tempo. Muitos investidores procuram por este tipo de produto. Localização é muito importante. Regiões próximas a *shopping centers*, estação de metrô e com infraestrutura de comércio e serviços, são as mais valorizadas e procuradas. Hoje, é bom negócio adquirir um escritório de 30 metros quadrados, mas cuidado com a super oferta. Pesquise bem a região para averiguar a qualidade da localização do imóvel.

A dificuldade de locomoção nos grandes centros está alterando as características de alguns bairros. Em São Paulo, a frota de carros aumenta a cada dia.

Para buscar maior qualidade de vida, muita gente tem procurado viver e trabalhar na mesma região. Locais próximos às avenidas Brigadeiro Faria Lima, Paulista e Engenheiro Luís Carlos Berrini, em São Paulo, continuam a abrigar muitas salas comerciais. Hoje, bairros como Campo Belo, Moema e Morumbi, com perfil mais residencial, já ofertam este produto e tiveram amplo sucesso na sua comercialização. Em 2010, foi lançado um empreendimento no Campo Belo, com quatro torres residenciais e um pequeno prédio comercial ao lado. O produto vendia a possibilidade de as pessoas saírem do elevador e irem trabalhar no edifício ao lado. Todas as unidades foram vendidas em poucos dias. E, cada vez mais, existe a tendência das pessoas morarem e trabalharem em locais próximos, para evitarem o tempo perdido no trânsito nas grandes cidades.

Grandes imóveis comerciais, normalmente, não são acessíveis à média dos investidores pessoas físicas, devido ao seu elevado valor. Entretanto, o menor investidor pode aplicar seu dinheiro neste tipo de imóvel indiretamente ao comprar cotas de fundos imobiliários. Falaremos a respeito disso em outro item.

2.5.1. Lojas de ruas

Para se investir num imóvel com a finalidade de ali se instalar uma loja, atividade comercial, é essencial que se observe a região próxima, a existência de outros estabelecimentos comerciais, o fluxo de veículos e de pedestres, a facilidade de acesso, de estacionamentos, bem como o aspecto de segurança. Lojas em regiões deterioradas não atrairão locatários dispostos a pagar altos valores e não receberão atividades comerciais de maior renda em vendas.

As lojas, dependendo da sua localização, poderão, além do valor locatício em si, também gerarem valores conhecidos como luva. Ela é negociada no ato do contrato, em um valor bastante significativo e adicionada aos aluguéis. Se o locatário vagar o imóvel, o proprietário poderá, ao contratar a locação com novo inquilino, novamente pleitear uma nova luva.

As instalações da locação e de investimentos necessários (para reforma, adaptações em si) poderão ser negociadas com potencial locatário, dando-lhe um período de carência até o início de pagamento do aluguel, isso em função do estado de conservação do imóvel, bem como da demanda ou não por este.

2.5.2 Lojas de shoppings

Lojas em *shopping centers* podem ser as já existentes ou em fase de desenvolvimento, em construção, a serem ainda entregues. Os novos poderão sofrer atrasos até a sua efetiva inauguração, devido a obras, ou, bem como, à obtenção das licenças necessárias, postergando assim o início das atividades.

Os *shoppings* fazem seleção prévia das lojas que nele serão instaladas, filtrando a qualidade e a quantidade de atividades similares propostas, para evitar concorrência destrutiva entre os lojistas. Procuram estabelecer atividades similares e complementares.

Não há como se comprar o imóvel físico de uma loja de *shopping centers*. Esses geralmente pertencem a grandes grupos investidores, que podem, eventualmente, vender quotas de participação na sociedade, mas não vendem a loja como um produto imobiliário. De fato, o investidor não o pode fazer em loja física, pode-se investir em fundos imobiliários donas de *shopping*. Não há a atividade de incorporação imobiliária, o que existe é investimento no fluxo financeiro, no seu potencial de geração de fluxo de caixa.

A loja de *shopping center* é destinada a lojistas pré-qualificados e selecionados pela administradora do *shopping*. O lojista, aprovado na sua intenção, pagará uma luva à administradora no caso de uma loja nova, luva também conhecida como Cessão de Direito de Uso (CDU), geralmente em contratos de quatro anos, que serão naturalmente renovados entre as partes se o relacionamento comercial estiver em bases saudáveis.

Ou seja, num *shopping* novo, o lojista pagará a taxa de CDU para a proprietária. Futuramente, caso esse lojista venha a transferir seu ponto para um outro interessado, ele poderá cobrar um valor, numa negociação direta entre ele e a parte interessada, devendo ainda ser paga para a administradora uma taxa de transferência de valor equivalente a até 10 aluguéis.

2.6 Imóveis de logística ou industriais

Há grande futuro para o mercado de logística, a demanda está totalmente aquecida para galpões de distintos tamanhos. São edifícios construídos, ou alugados, por grandes empresas com alta estocagem e movimentação de carga, situados junto a estradas de fácil acesso e proximidade a infraestrutura e mão de obra. Os Fundos de Investimento Imobiliários (FII), controlados por bancos ou institutos financeiros, com atuação fiscalizada pela CVM, tendem a investir em grandes condomínios de galpões, destinados a armazenagem de produtos, com *mix* de edifícios dos mais distintos tipos, de individuais de 5 mil metros quadrados a 80 mil metros quadrados com até 18 metros de pé direito, possíveis de serem ampliados e integrados em um único teto. Esse tipo de condomínio proporciona a possibilidade de rateio de custos, como o de manutenção, segurança e serviços (alimentação, suporte administrativo). Um indício que aponta a viabilidade de se investir neste tipo de imóvel é o aumento de tráfego de caminhões, que transportam mercadorias nas cidades e em estradas, por exemplo, no Rodoanel (via expressa que circunda centros metropolitanos).

Para adquirir cotas deste negócio, tem de buscar um FII que investe no mercado de logística, no desenvolvimento ou aquisição de condomínios existentes, com a finalidade para locação. Este é acessível para investidores de qualquer porte, a partir de mil reais, não sendo tributável o rendimento obtido em aplicações de quotas de FII (somente é tributável eventual lucro apurado na venda dessas quotas). Recursos de FII tem propiciado a expansão de condomínios de logística pelo país. Os grandes galpões tem apresentado baixo índice de vacância de locação, muitas vezes, já locados ainda na fase da construção, para adequação às necessidades do futuro locatário.

O crescimento do varejo, impulsionado pelo aumento de renda da classe C e do registro de emprego formal, demandam a utilização deste tipo de imóvel. E a economia brasileira só tende a crescer, e com ela, empresas de todos os portes. O importante é pensar em localização estratégica, porque os usuários de galpões, no caso as empresas, pensam sempre em diminuição de custos. Todos os condomínios, próximos a rodovias, têm conseguido ótimos resultados. Este investimento pode ser comparado com o de aquisição de cota de um grande imóvel comercial na Avenida Brigadeiro Faria Lima, em São Paulo. O investidor pode não ter dinheiro para comprar um escritório de mil metros quadrados, mas detém a possibilidade de adquirir cotas de fundos imobiliários do mesmo.

No caso de uso industrial, além das especificações técnicas quanto ao terreno e o edifício em si, disponibilidade de recursos (água, energia elétrica, tratamento de esgoto), e as instalações específicas, que serão necessárias para a atividade, terá que se observar a possibilidade para determinado uso pela legislação municipal, estadual ou até federal (por exemplo, num caso de indústria de remédios ou cosméticos). A emissão de licenças para instalação de uma indústria é muito mais criteriosa. A adaptação, ou customização para determinado inquilino, e sua locação, pode diminuir sua liquidez, tornando-o mais específico para determinado uso, diminuindo interesse de outros potenciais locatários, futuramente.

Existem empresas, ou fundos de investimentos, dedicadas a identificar potenciais locatários de porte e sólidos, para propor-lhes a construção de edifício customizado para atender as suas necessidades, mediante um contrato de locação pelo período mínimo de cinco, dez e quinze anos. São empresas, ou fundos patrimoniais, que buscam investir seus recursos na obtenção de aluguéis, considerando-se o valor obtido na locação, além da valorização do imóvel em si.

2.7 Imóveis fora dos grandes centros

Muita gente não aguenta mais viver nas grandes cidades. Por exemplo, em São Paulo, o trânsito piora a cada dia, há muita poluição, insegurança, o custo de vida é alto; dá para enfileirar os problemas da cidade. Muitas pessoas buscam novo estilo de vida. Algumas optam por ganhar dinheiro em São Paulo e viver numa cidade próxima, num raio máximo de 100 quilômetros da capital, para ter mais tranquilidade e decréscimo em suas contas.

Acham que é melhor enfrentar uma estrada durante uma hora e meia do que permanecer o mesmo período parado no trânsito da capital. Fazem o percurso de ida e volta em ônibus fretado. Em alguns desses veículos, há regras para que os passageiros possam dormir durante a viagem. Uma delas, é a proibição de uso de celular. E o interior do estado de São Paulo tem o segundo maior PIB do país. Portanto, este mercado imobiliário deve ser observado com atenção. Uma ressalva: quem mora fora de São Paulo precisa acordar muito cedo para chegar ao trabalho. Quantas pessoas estão dispostas a fazer isso? Geralmente um casal jovem não vai optar por este estilo de vida, por também não querer abandonar toda estrutura de comércio, serviços, de cultura e entretenimento da capital.

Outro dado: normalmente, quem sai de São Paulo procura viver em casas. Por isso, têm surgido muitos condomínios de residências nessas regiões. Os melhores investimentos fora dos grandes centros são casas e terrenos para construí-las.

Pequenas e médias cidades do interior têm geralmente diversidade de pólos de desenvolvimento: agricultura; pecuária; cana de açúcar destinada à produção de combustíveis; indústria; etc. Os moradores conhecem as peculiaridades de suas respectivas regiões. Muitas vezes, detêm mais conhecimento do que as incorporadoras de fora que se instalam para viabilizar negócios. Sabem para onde a cidade vai crescer, qual a demanda de moradia para determinado momento, quais as melhores regiões para investir. Portanto, é aconselhável pesquisar bem antes de fazer um negócio fora dos grandes centros urbanos. Os investidores devem também ficar atentos a cidades com mercados que orbitam ao redor de única atividade econômica. Por exemplo: São José dos Campos. Há alguns anos, o setor aeronáutico passou por dificuldades, o que gerou consequências no mercado imobiliário da região.

O mercado imobiliário de São Paulo é quase três vezes maior do que o do Rio de Janeiro. E o do Rio, sozinho, abrange o de Curitiba, Santa Catarina, Porto Alegre e o do interior de São Paulo. A região metropolitana abriga 39 municípios.

Diante deste contexto, conclui-se que não é aconselhável adquirir um imóvel como forma de investimento fora desses grandes centros, onde não há grande potencial de consumo. Existe a regra e a exceção. Às vezes, uma pessoa descobre algo que vai desenvolver numa pequena cidade, num espaço curto de tempo. Neste caso, valeria a pena investir, mas trata-se de uma exceção. A regra é: o capital deve ser direcionado sempre para grandes centros, onde naturalmente há maior demanda e, assim, maiores possibilidades de negócios serem concretizados.

2.8 Fundo de Investimento Imobiliário (FII)

Os Fundos Imobiliários são regulados e têm seu funcionamento autorizado pelo Bacen e fiscalizados pela CVM, por se tratar de captação de recursos do público para investimento, o mesmo ocorre com os fundos de ações, renda fixa, derivativos. Sua dinâmica, parecida com a de uma empresa de capital aberto, envolve acionistas, aumentos de capital, assembleias, distribuições de resultado. São formados por grupos de investidores com o objetivo de aplicar recursos, em todo o tipo de negócios de base imobiliária, seja no desenvolvimento de empreendimentos imobiliários ou em imóveis prontos.

As cotas dos Fundos Imobiliários são negociadas na Bolsa de Valores. Seus gestores devem revelar a rentabilidade aos investidores. Os pequenos investidores não participam da constituição do fundo, e sim, da aquisição de cota destinada a renda. Os investidores devem olhar os Fundos Imobiliários como uma opção para diversificar seus negócios, com intuito de atingir rentabilidade.

Os investimentos em Fundos Imobiliários ainda são pequenos no Brasil, mas devem crescer bastante nos próximos anos. Uma de suas vantagens, além da rentabilidade, geralmente maior do que a da caderneta de poupança, é a sua não tributação. O investidor só paga imposto de renda no momento em que negociar suas cotas, se auferir lucro na venda delas. Neste caso, as pessoas conseguem ter um incremento adicional na rentabilidade.

Ao optar por um Fundo Imobiliário, o investidor pode ter uma renda de imóveis de vários portes e em distintos segmentos (*shopping centers*, edifícios comerciais). Um outro benefício é a isenção do imposto de renda nos rendimentos mensais para as pessoas físicas que possuam menos de 10% das cotas do fundo. No caso de grandes locatários vagarem os imóveis, a pessoa não terá grandes perdas. No máximo, haverá queda de rendimento de seu fundo. Um investidor que não tem muitos recursos e quer ter mais segurança pode optar pelo Fundo Imobiliário.

Quem deseja investir deve procurar uma corretora, que o representará na alocação de seus recursos. O investidor poderá, também, obter junto à Comissão de Valores Mobiliários (CVM – www.cvm.gov.br), informações sobre o fundo de seu interesse. Dessa forma, vai ter ciência sobre o capital do fundo, a renda obtida e outros dados.

> **FUNDO IMOBILIÁRIO PANAMBY**
>
> Para usar como ilustração, tal fundo foi constituído com o objetivo de investir em uma área de 715 mil metros quadrados de terrenos localizados na cidade de São Paulo, na marginal Pinheiros, assim criando um novo bairro dentro do bairro do Morumbi, que ficou conhecido como Panamby. Ele comercializa lotes dessa área para diversas incorporadoras que desenvolvem empreendimentos imobiliários, principalmente residenciais, de alto padrão.
>
> **Constituição**: março de 1995.
> **Preço de emissão da cota**: 88,50 reais
> **Código do ativo na BMF&BOVESPA**: PABY11
> **Valor da cota em 20 de dezembro de 2012**: 115,10 reais
> **Rentabilidade média anual desde o início até outubro de 2012**: 9,42%
> **Administrador**: BRKB DTVM S/A
> **Custodiante**: Banco Bradesco
> **Gestor Imobiliário**: Brookfield Incorporações S.A.
> **Assessor Imobiliário**: PDI Desenvolvimento Imobiliário
> **Para mais informações acesse:**
> <http://www.brkbdtvm.com.br/fundos_detalhes.aspx?codigo=11>

A CVM oferece, gratuitamente, aos investidores, uma "Cartilha do investidor" e o "Guia CVM do investidor – Fundos de Investimento Imobiliário". Ambos em linguagem muito acessível, trazem todas as informações sobre essa modalidade e o que ele deve fazer para iniciar os seus investimentos.

A "Cartilha do investidor" está disponível em: http://www.cvm.gov.br/port/protinv/caderno6.asp .

O "Guia CVM do investidor – Fundos de Investimento Imobiliário" pode ser acessado em: <http://www.cvm.gov.br/port/taxas/GUIA_FII%20%282%29.pdf >.

O site da BMF&BOVESPA também traz muitas explicações interessantes aos investidores que tenham interesse nessa categoria de fundos, além de cotações atualizadas, praticamente em tempo real e informações específicas dos fundos nela negociados: <http://www.bmfbovespa.com.br/Fundos-Listados/FundosListados.aspx?tipoFundo=imobiliario&Idioma=pt-br>

2.8.1 Fundos de *shoppings centers*

No caso de um fundo de *shopping centers* ou *malls*, ele pode possuir uma fração do empreendimento ou até sua totalidade. Este fundo é voltado para investidores na construção de um novo ou na aquisição de um *shopping center* existente. O lucro da renda obtida com aluguéis de lojas, participação da parte de suas vendas e movimento de estacionamento e outras rendas auferidos, é distribuído aos cotistas. Quem adquire cota de fundo do *shopping* que será construído, ou está em construção, não conta ainda com a geração de renda imediata do empreendimento, pois não há o recebimento das locações no período da construção. Neste caso, as pessoas investem, a valores menores, contando com renda futura e a valorização.

Fundo Imobiliário *Shopping* Pátio Higienópolis

Esse fundo foi constituído para investir os seus recursos no empreendimento imobiliário *Shopping* Pátio Higienópolis, localizado na cidade de São Paulo, no bairro de Higienópolis. Ele possui participação de 25% do empreendimento.

Preço de emissão da cota: 100 reais
Constituição: dezembro de 1999
Código do ativo na BMF&BOVESPA: SHPH11
Número de cotas emitidas: 531 mil
Valor de mercado da cota em março 2013: 715 reais
Administrador: Rio Bravo
Para mais informações acesse:
<http://www2.riobravo.com.br/imobiliarios/higienopolis.asp?id_projeto=1869 .>

As empresas querem estar próximas de lugares com aglomeração de potenciais consumidores, que ofereçam estacionamento e segurança, entre outras facilidades. As pessoas criaram o hábito de frequentar *shopping*. Vão, por exemplo, ao cinema, ao teatro, almoçar e aproveitam a ocasião para fazer compras. Assim, esse tipo de local acaba atraindo número de consumidores por aliar segurança e conveniência. Por exemplo, o *Shopping* Iguatemi, em São Paulo, quer sempre incrementar seu faturamento por metro quadrado e disponibilizar cada vez mais áreas para locações, para abertura de novos estabelecimentos comerciais. Para atingir seu objetivo, trabalha para atrair grandes marcas. A chegada delas, entre outras consequências, pode gerar elevação de faturamento de aluguel. Os *shoppings* exigem que seus lojistas tenham um faturamento mínimo, primam por sua eficiência. Atraem grandes marcas e consumidores com poder aquisitivo num único lugar. Nos Estados Unidos, há muito mais *shoppings* do que no Brasil. Muitas unidades devem ser construídas, por aqui, nos próximos anos, porque os brasileiros estão com mais dinheiro no bolso e apetite para o consumo. Segundo dados da Fundação Getúlio Vargas[4], entre 2002 e 2009, cerca de 30 milhões de famílias brasileiras ascenderam socialmente. São pessoas com poder aquisitivo crescente e acesso à crédito.

---

[4] Fonte: artigo de Elbio Fernández Mera, ex-presidente da Federação Internacional das Profissões Imobiliárias (FIABCI), publicado em informe publicitário no jornal O Estado de S. Paulo em 22/03/2011

Capítulo III – Como encontrar imóveis e se relacionar com corretores

Hoje, a internet é certamente o local predileto para realizar pesquisas sobre imóveis, os potenciais compradores já chegam à negociação plenamente municiados de informações sobre o imóvel em questão. As pessoas também podem navegar nos sites de imobiliárias e incorporadoras para verificar os produtos que estão disponíveis para venda, fazer *tour* digital, ensaiando estar nos ambientes, dentro do imóvel almejado. Muitos *sites* de incorporadoras divulgam plantas, localização, entre outras informações das unidades em oferta. Algumas empresas têm *chats* para que o investidor tire suas dúvidas *on-line*. Profissionais treinados das companhias estão aptos a dar respostas prontas aos interessados a comprar imóveis.

As principais incorporadoras do mercado abriram seu capital nos últimos anos. Para conhecê-las mais profundamente, basta realizar uma busca no *site* da Bolsa de Valores (www.bmfbovespa.com.br). Entre as vantagens de utilizar a internet como fonte de pesquisa, estão a manutenção do anonimato do investidor e a não divulgação de seus sentimentos, por exemplo, a ansiedade. Corretor busca sempre observar e analisar se a pessoa interessada no imóvel tem poder aquisitivo e intenção de compra, para assim atendê-lo com maior eficácia. Todo corretor também costuma solicitar o número de telefone das pessoas, no entanto, muita gente não gosta de receber suas ligações. Logo mais, voltaremos a falar sobre a relação entre investidores e corretores.

Outro meio bastante utilizado para se pesquisar imóveis é o jornal. Aos sábados, os anúncios das incorporadoras têm grande destaque. E aos domingos, há muita oferta de varejo. Quintas-feiras também são dias em que os interessados neste mercado encontram ofertas nos principais jornais. *O Estado de São Paulo* é, há muitos anos, o melhor veículo para pesquisar ofertas e lançamentos deste mercado. A *Folha de São Paulo* também é um canal importante de divulgação de ofertas do setor. Em revista, a *Veja* regional (São Paulo, Rio, etc.) também se destaca neste segmento, veiculando, semanalmente, anúncios de lançamentos imobiliários. Claro que em cada cidade pelo país existe um jornal de maior destaque neste tema, que é sempre uma excelente fonte para se iniciar uma procura. Não deixe de pesquisar, também, em revistas dedicadas a divulgar anúncios de imóveis, distribuídas gratuitamente em pontos comerciais, elas geralmente trazem informações interessantes para se iniciar a busca, além de permitir comparações entre os projetos propostos pelas incorporadoras.

Na TV, há programas que exibem lançamentos imobiliários (apartamentos, terrenos e casas em condomínios).

Quem está interessado em adquirir um imóvel deve pesquisar atentamente o maior número de ofertas, definir, francamente, suas necessidades e possibilidades, e procurar analisar as opções veiculadas nas publicidades, se estão adequadas às suas expectativas e capacidade financeira.

Orientações ao examinar anúncios de lançamentos

Muitas pessoas, ao observarem anúncios veiculados em jornais e revistas, podem se encantar com o pequeno valor indicado das prestações. É prática comum realizar a divulgação de preços bem baixos, referentes à prestação dos imóveis. Algumas empresas até informam que os investidores não precisam pagar nada até a entrega das chaves. Na realidade, elas têm de olhar toda informação compreendida no anúncio. As informações, muitas vezes, funcionam para atrair investidores a conhecer seus lançamentos imobiliários. O objetivo dos anúncios é atrair grande quantidade de pessoas, normalmente, num final de semana. Para compreender melhor este raciocínio, podemos fazer uma analogia de um *stand* de vendas com um restaurante. Afinal, um restaurante cheio é sempre bem-visto pelas pessoas. Nas ocasiões em que um *stand* está cheio, acaba atraindo mais o comprador.

Sobre os valores anunciados das prestações, os clientes precisam prestar atenção na informação veiculada nos anúncios, as quais devem conter os valores de entrada, parcelas mensais, intermediárias, após as chaves e informações sobre financiamento bancário. Por exemplo, um anúncio pode informar com destaque que as prestações têm o valor de 500 reais. É importante verificar os dados sobre a entrada e obrigações semestrais e anuais. O valor das parcelas é, geralmente, referente à compra de unidades de menor valor, muitas vezes situados nos pavimentos inferiores. Após o recebimento das chaves, as prestações têm acréscimo de juros e correção monetária.O investidor precisa compilar todas as informações para concluir se, de fato, tem condições de assumir um compromisso de compra.

É comum encontrar anúncios de lançamentos de prédios em jornais que associam o preço das unidades a todo aparato de lazer e segurança dos condomínios, sempre exibindo fotos, ilustrações, amplas infraestruturas de lazer, de apoio e plantas, com ambientes decorados. Muita gente acaba sendo seduzida pelo anúncio e vai parar no *stand* de vendas. Lá, os potenciais investidores descobrem que o valor anunciado é referencial para preço à vista e, também, corresponde a uma única unidade promocional, muitas vezes já vendida no início da comercialização das unidades. Estes dados costumam estar impressos nos anúncios, mas nem todas as pessoas leem tudo com atenção necessária. O comércio age desta maneira. No segmento imobiliário, preço, qualidade e promoções são os fatores que devem ser utilizados pelas companhias para atrair potenciais investidores.

Em suma, as pessoas, ao examinarem anúncios de imóveis, precisam observar alguns pontos: as características do produto, se o imóvel já está em construção ou se está em lançamento e quando será efetivamente entregue, se elas podem arcar com os compromissos financeiros para pagar o bem, os custos inerentes, se o prazo de entrega está adequado, a dimensão de área útil, as vagas de estacionamento, e a região onde o mesmo se encontra.

Grande parte dos consumidores de unidades de um bairro costumam morar na própria região do lançamento. Muitos ficam reféns de rotas viárias que os levem, com menos trânsito possível, até seu local de trabalho. Uma mudança significativa de endereço pode inviabilizar esta dinâmica. Dessa forma, os corretores costumam iniciar suas ações de divulgação de seus produtos nos bairros onde já estão localizados. Enviam mala-direta, *e-mails*, fazem telefonemas, distribuem panfletos na região, fazem de tudo para tornar o lançamento conhecido na região. Muitas vezes, conseguem atrair um número considerável de pessoas. Algumas delas se interessam pelo negócio e fazem uma reserva. No início das vendas, alguns destes potenciais investidores tornam-se efetivamente os primeiros a adquirir uma unidade, ou seja, na data do início efetivo das vendas, muitas reservas de compra já estavam, anteriormente, represadas pela equipe de corretores.

Muitas informações não estão compreendidas no material de divulgação das empresas (anúncios em jornais, revistas, TV, internet e panfletos). As pessoas precisam ir sempre até o local do lançamento para conhecer o produto anunciado.

Geralmente, as pessoas vão aos *stands* de venda, aos finais de semana, quando há mais gente também interessada. Uma visita aos pontos de venda, em dia da semana, rende ao investidor a chance de ser mais bem atendido e, naturalmente, receber melhor atenção que uma decisão desse porte pode merecer.

Stand de vendas

No *stand* de vendas, as pessoas vão conhecer um ambiente decorado, protótipo do seu futuro imóvel, maiores informações e o local onde será construído. É o momento de perguntar sobre tudo. Imóvel é o bem mais importante da vida das pessoas, elas despendem quantias altas para adquirir uma unidade. Dessa forma, é fundamental se cercar de cuidados antes de fazer um investimento. Ninguém deve se arrepender, imediatamente, após fazer um negócio. Isso não faz sentido. Claro que toda decisão de grande alcance gera inseguranças, mas a compra deve, sim, gerar celebração do fato, a comemoração de um marco significativo na vida de qualquer adquirente do imóvel.

Alguns anúncios informam que os lançamentos estão localizados em bairros de prestígio. No entanto, na realidade, estes pertencem a bairros próximos aos locais anunciados. Por exemplo, imóveis na Saúde e até no Jabaquara, ambos em São Paulo, são anunciados como se estivessem localizados na Vila Mariana, região bem mais valorizada da cidade.

Ao chegar ao local de lançamento do imóvel, o investidor precisa observar atentamente o material de divulgação, as plantas e, caso haja, uma unidade decorada. Ele tem de estudar tudo isso com muita atenção, observar as medidas dos ambientes, a vizinhança, as condições do negócio.

O *stand* de vendas é um lugar de encantamento. As empresas fazem de tudo para manter as pessoas interessadas o mais tempo possível nos locais. Por exemplo, no caso de um casal com filhos, muitas vezes, as companhias contratam monitoras para dar atenção às crianças, ou ainda, organizam espaços lúdicos para elas, minimizando fatores de dispersão. Essas ações proporcionam maior tranquilidade aos pais e mães interessados em adquirir um imóvel. As pessoas devem ver as plantas, maquetes, imagens; devem analisar atentamente a descrição de todo empreendimento. Somente após entender bem todas as informações sobre o imóvel, pensar se o mesmo realmente atende aos seus objetivos e avaliar a sua capacidade de pagamento, deve decidir-se pela compra. Do contrário, estará tomando uma decisão precipitada.

Perguntar, ouvir e verificar a qualidade das informações

Hoje em dia, os investidores estão mais conscientes em relação ao mercado imobiliário. Eles costumam fazer mais perguntas aos corretores e confirmam, por conta própria, algumas informações que ouvem. Por exemplo, já existem pessoas interessadas em adquirir uma unidade, num lançamento, segurando uma bússola, para verificar a posição do imóvel. Querem saber onde baterá o sol. Algumas vezes, elas já obtiveram muitas informações pertinentes antes de chegar ao *stand* de vendas.

Os investidores precisam ser bem seletivos antes de fechar negócio. Portanto, nada de compra por impulso. Quem deseja comprar um imóvel, tem que fazer a lição de casa: pesquisar. Por exemplo, não importa se um determinado imóvel não foi adquirido, outra oportunidade surgirá em breve. Quem compra para investir precisa ser mais frio, antes de fechar negócio. Todas as informações pertinentes à tomada de decisão precisam ser analisadas. Precisa-se prevalecer o raciocínio frio de um investidor.

Quase todos os lançamentos imobiliários exibem um modelo decorado. Ele pode estar em uma tenda no terreno do empreendimento em construção, ou pronto, servindo como modelo. Os investidores precisam entender que a unidade que lhes será entregue normalmente não é idêntica àquela decorada. O memorial descritivo deve ser estudado para se compreender isso. A planta padrão, normalmente, é diferente. Por exemplo, os materiais utilizados nos apartamentos decorados podem não ser os mesmos das unidades à venda. Porém, o comprador pode optar por eles, se assim desejar, podendo ter que pagar um valor de remodelação à construtora.

Relação com corretores

As grandes incorporadoras trabalham em conjunto com empresas especializadas em vendas ou possuem corretores próprios.

As empresas incrementaram seu setor de vendas, especialmente aquelas com capital aberto. O que existe é o estímulo de compra por parte dos corretores, quando estes observam potenciais investidores indecisos. Essa dinâmica está mais relacionada a uma injeção de entusiasmo. Na verdade, a compra sempre ocorre no instante em que o cliente nota que pode perder o negócio.

Bom corretor é o profissional que estudou e conhece o produto que está oferecendo, e fornece as informações corretas. Ele faz sua lição de casa. Conhece produtos concorrentes similares na região. Ou seja, terá respostas para todas as perguntas formuladas pelos potenciais investidores; caso não saiba, buscará as informações complementares e transmitirá aos clientes, procurando assessorá-los da melhor forma, totalmente ética.

Os Conselhos Regionais de Corretores de Imóveis (CRECI), formam técnicos de transação imobiliária, os credenciando e fiscalizando. Nos jornais, há sempre anúncios de empresas imobiliárias que procuram estes profissionais. As grandes companhias do setor costumam ministrar treinamento, qualificando seu pessoal de vendas. Estes profissionais assistem a palestras, apresentações do produto pelas incorporadoras e analisam com profundidade o produto que vão vender.

Os corretores, geralmente autônomos, vivem de comissão de vendas e buscam fechar negócios em um tempo curto. Cabe ao investidor não se deixar influenciar pela ansiedade do corretor em vender, conversar com ele com calma e buscar todas as informações importantes sobre o imóvel. Negócios só devem ser fechados após uma criteriosa análise. Caso o investidor compre abruptamente uma unidade, pode atentar-se depois para características da mesma que não o agradam. Sem contar se tem o fôlego necessário para pagar os compromissos pertinentes à aquisição do bem.

Além de serem uma excelente fonte de informações sobre o imóvel, os corretores podem dar um "empurrão" no investidor. Esse "empurrão positivo" pode ser para comprar ou não uma unidade. Às vezes, o corretor percebe que a pessoa que está na sua frente não tem condições de comprar o imóvel, ou então, que ela será inadimplente em pouco tempo. Diante desses casos, há corretores que aconselham a não adquirir o imóvel. Algumas ficam gratas por terem ouvido esse tipo de orientação. O fator emocional sempre tem um grande peso no instante de tomada de decisão.

O investidor deve solicitar ao corretor o memorial descritivo e uma minuta de contrato do imóvel para avaliação. O memorial descritivo apresenta os serviços e os materiais que serão desenvolvidos e usados em cada etapa de execução da obra. Esse material deve ser levado para casa para ser estudado. Não se trata de preciosismo, no passado remoto, houve casos desonestos, nos quais o elevador não constava no memorial descritivo e os compradores teriam que se unir e pagar adicionalmente por um. Outras empresas também não incluíam no documento uma série de itens que precisavam ser pagos à parte. O investidor precisa estar ciente sobre as responsabilidades dos custos referentes aos serviços de paisagismo, decoração do salão de festas, ou fornecimento dos equipamentos da academia de ginástica. Em alguns casos, esses itens deverão ser bancados pelos compradores, após realizada a assembleia de instalação do condomínio e a entrega das chaves.

É fundamental observar o tamanho do apartamento, as dimensões reais, face de insolação, número e características das vagas na garagem (vaga coberta ou descoberta, livre ou bloqueada, designada ou a ser ainda sorteada) localização da torre no terreno, estrutura de lazer, decoração do *hall* do térreo, equipamentos de ginástica, equipamentos de segurança, entre outros. Todas as informações precisam ser verificadas.

Imóveis com preço bem abaixo ao de mercado podem ser encontrados, mas cuidado, certifique-se de que se trata realmente de uma boa oportunidade de negócio. Há exceções, por exemplo, uma pessoa endividada e com problemas financeiros graves. Muitas vezes, quem precisa se desfazer de seu bem com urgência, diminui o preço, para obter dinheiro rapidamente. Mas nesses momentos, faz-se totalmente necessária atenção redobrada na análise documental do imóvel e do vendedor, pois o preço diferenciado pode trazer embutida uma situação inesperada, potencial causadora de aborrecimentos futuros.

Cuidado com a chamada "galinha morta". Um investidor não vai encontrar um imóvel, que vale 500 mil reais pela metade do preço em um lançamento imobiliário. No passado, muitas pessoas adquiriram apartamentos na planta, de uma grande construtora, que os vendia por preço bem abaixo de mercado. Resultado: a companhia quebrou e muitos de seus clientes ficaram sem receber suas unidades. Felizmente, hoje, a legislação do mercado imobiliário está bem estruturada, conferindo um bom nível de segurança ao investidor, conforme estabelece a Lei 10.931 que instituiu o patrimônio de afetação.

Capítulo IV – Critérios para escolha de imóveis

O primeiro passo que o investidor precisa tomar é a definição do tipo de imóvel que deseja adquirir: para moradia, para investimento ou para renda com aluguéis. Se ele tem família com filho pequeno, tem de pensar na estrutura de lazer, seja ele um apartamento ou uma casa num condomínio. Nunca deixe de compartilhar esta decisão com os familiares, que deverão, também, trazer sua contribuição, principalmente na compra de um imóvel para moradia própria. Para facilitar a busca, o investidor pode procurar o imóvel com as características desejadas, nos bairros de sua preferência. No caso de aquisição de um apartamento, há outro ponto a ser observado: comprá-lo pronto ou na planta? Um imóvel na planta costuma oferecer ao investidor melhores condições de pagamento ou condições facilitadas.

Ao comprar um apartamento pronto, novo ou usado, o investidor pode se deparar com a necessidade de realizar uma reforma, antes de habitá-lo ou locá-lo. Reforma é para profissionais. Comprar um imóvel, reformá-lo e alcançar lucro não é tarefa fácil. Não é qualquer pessoa que consegue dimensionar uma reforma. Não é barato quebrar paredes, trocar tubulações e estrutura de eletricidade. É comum surgirem problemas adicionais durante uma reforma, uma vez quebradas as paredes. Muita gente perde dinheiro reformando imóveis. Sem contar os cuidados que essa atividade demanda, por exemplo, contratação e supervisão de mão de obra, cotação e compra de materiais, obtenção das licenças técnicas, transporte de entulho.

Outro ponto a ser observado: número de vagas de garagem. Hoje, não faz sentido adquirir um apartamento, com intuito de conseguir a valorização do bem, caso o mesmo não oferte ao menos uma vaga de garagem. Uma unidade, que tenha mais de 70 metros quadrados, precisa ter duas vagas, porque num espaço como este, é possível construir um apartamento de dois ou três dormitórios, onde pode morar mais de uma pessoa habilitada a dirigir. E hoje é muito fácil comprar um carro financiado. Automóvel novo faz parte da cultura do brasileiro. E muita gente prefere enfrentar o trânsito a encarar o desconforto do transporte coletivo oferecido nas grandes cidades. Nas capitais européias, a realidade é outra. Apartamentos sem garagem valem muito, porque as pessoas podem contar com metrô e trem a sua porta. Já na capital paulista a realidade é outra. A necessidade de locomoção e a escassez de transporte coletivo fazem com que muitas pessoas em São Paulo tenham mais de um veículo por causa da legislação de trânsito que restringe a circulação durante um dia da semana. Ou seja, vaga de garagem em São Paulo é um item determinante para fechar um negócio.

Outra realidade: nas grandes cidades, as pessoas procuram morar próximo ao local de trabalho, por causa do trânsito. Muitas mulheres, também, precisam se dividir entre o trabalho e os cuidados com os filhos. Aquelas que, por exemplo, são profissionais liberais ou empresárias, têm a possibilidade de buscá-los na escola e almoçar com eles em casa.

Imóveis localizados nos arredores de feiras livres ou em regiões que abrigam casas noturnas não são bom negócio. Afinal, ninguém gosta de enfrentar barulho, sujeira e dificuldades para estacionar e se locomover, ou ter seu acesso bloqueado num dia da semana, como no caso de feiras. Por isso, vale à pena pesquisar o que acontece numa região durante toda semana, realizando visitas diurnas e noturnas. Uma rua pacata durante o dia, pode ter outro cenário no período noturno. Muitos bairros que abrigam bares, restaurantes e boates costumam ser calmos durante o dia. Regiões sem infraestrutura e que convivem com alagamentos também devem ser evitadas, ou ruas alternativas que acabam, frequentemente, recebendo grandes fluxos de veículos em caso de eventos, como pior exemplo. Um exemplo é o bairro do Morumbi, em São Paulo, na região próxima ao estádio do Morumbi ou do Palácio dos Bandeirantes, sede do governo paulista, objeto constante de manifestações e greves. Ruas principais são constantemente bloqueadas, e o fluxo de veículos transferidos para ruas adjacentes.

Imóvel de qualidade, bem localizado, que consiga chamar a atenção de muita gente torna-se ótima opção de investimento. Além da característica do imóvel, localização e preço, o investidor tem de se preocupar com seus compromissos de financiamento. As parcelas precisam estar sempre compatíveis com a renda e as reservas financeiras da pessoa que deseja adquirir o bem.

IMÓVEIS NA PLANTA

Investidores que pretendem adquirir apartamentos na planta devem verificar a idoneidade das companhias. O primeiro passo consiste em realizar uma pesquisa. As pessoas precisam observar o cumprimento dos prazos de entrega, nível de satisfação dos clientes e a qualidade dos materiais utilizados, pesquisar junto a órgãos de proteção ao consumidor a existência elevada de reclamações. Também vale a pena visitar condomínios que foram construídos pela empresa.

Os investidores devem desconfiar de companhias que vendem apartamentos com preço bem abaixo de mercado. Existem casos raros em que as empresas têm unidades em estoque em momentos ruins de mercado. No entanto, as companhias não gostam de manter unidades, porque geram custos. As empresas têm margem de lucro bruto, ao final do empreendimento, em média de 12% a 20% do valor de cada unidade negociada. No caso de um apartamento que vale 100 mil reais, se ele estiver sendo vendido por menos de 80 mil reais, o investidor precisa ficar atento, excetuando-se descontos financeiros por antecipação de pagamento. Claro que fica difícil para o comprador ter acesso a informações de custos ou margens, mas ele pode comparar o preço pedido por metragem quadrada e compará-lo a empreendimentos similares na região.

Os investidores também não podem deixar de verificar a parte documental que envolve o negócio: o registro de incorporação do empreendimento, a matrícula de registro de imóveis, a existência ou não de hipoteca, ou alienação fiduciária, sobre a área original perante um agente financeiro para obtenção do financiamento para a obra, alvará de construção e na fase final, o Habite-se, a licença final de construção do imóvel outorgada pela autoridade municipal. Este último corresponde à certidão de término de obras do imóvel, que deverá ser levado, individualmente, junto ao cartório de registro de imóveis competente. Outro procedimento é solicitar a certidão de débitos fiscais da construtora. Se a empresa não estiver com suas obrigações fiscais em dia, o investidor poderá não conseguir obter a escritura definitiva de seu imóvel.

IMÓVEIS USADOS

No caso de imóveis usados, os investidores devem solicitar às administradoras o extrato referente ao valor de condomínio. Dessa forma, o interessado em adquirir um apartamento consegue ter ciência de eventuais pendências inerentes ao próprio imóvel bem como dos valores cobrados, que podem incluir fundos de reforma ou benfeitorias, e da eventual quantidade de inadimplentes no condomínio, observando-se a existência ou não de cobrança de quota extra designada como Provisão de Inadimplentes. Todas as informações relacionadas à transação imobiliária devem ser solicitadas junto às administradoras, imobiliárias ou diretamente ao proprietário vendedor.

Apartamentos usados podem ter trinta, quarenta anos de construção ou mais. Existem muitos imóveis antigos que são atraentes por estarem localizados em bairros tradicionais e pelo seu tamanho e altura dos ambientes. É muito agradável habitar um apartamento com amplo pé-direito. No entanto, por trás do encantamento gerado pode se esconder uma vasta gama de problemas: poucas vagas para autos, instalações desatualizadas (TV, som e internet), tubulações de eletricidade e encanamentos entupidos ou danificados, fissuras e danos na estrutura em áreas de uso comum ou mesmo privado. Como descobrir o real estado de um bem antigo? Profissionais que atuam no setor conseguem verificar se um imóvel está em boas condições ou não, como o perito técnico especializado em avaliação imobiliária, que pode ser contratado para uma avaliação específica. Por isso, é sempre aconselhável levar uma pessoa experiente para acompanhar o investidor a observar a unidade de seu interesse. As pessoas podem apertar a descarga e ligar o chuveiro para observar a pressão de água, verificar se há vazamentos e vestígios de ferrugem que indicam mal estado de encanamento, destaque de revestimentos de paredes, focos de bolores, que geralmente indicam a existência de vazamentos. Outro ponto a ser observado: a existência de pó em áreas de madeira, que pode indicar presença de cupim.

As pessoas precisam buscar informações sobre o condomínio. Elas devem procurar o síndico e o zelador para conversar em particular com cada um. Se tiverem oportunidade, também podem dialogar com um condômino. Esses contatos podem levantar informações valiosas, como por exemplo, se a troca de sua estrutura de eletricidade e hidráulica feita há poucos anos, o que evitará aborrecimentos ou custos iminentes

Imóveis próximos a áreas de entretenimento

O anúncio da construção de uma estrutura destinada a abrigar atrações esportivas e de entretenimento pode levar a valorização ou desvalorização dos imóveis localizados em seu entorno. No entanto, esta possibilidade precisa ser observada com maior aprofundamento, levando em conta outros fatores que transcendem o surgimento desse tipo de estrutura em um bairro. Um caso bem emblemático em relação a esse tema é o reflexo do mercado imobiliário na região de Itaquera, na cidade de São Paulo, após o anúncio da construção do novo estádio do Corinthians.

A notícia veiculada na mídia em 2011, de que o estádio em construção na região sediará a abertura da Copa do Mundo de 2014, conseguiu quase paralisar as transações imobiliárias locais. A expectativa de imediata valorização do imóvel levou muitos proprietários a protelar sua negociação. No entanto, esta espera não pode se traduzir em garantia, porque as pessoas que possuem imóveis no bairro devem levar em conta a existência de problemas locais que impedem seu desenvolvimento. Um deles é a lei de zoneamento, que inviabiliza muitos projetos que poderiam ser criados na região. Outro ponto a ser considerado é a precária estrutura viária, que não suporta o atual tráfego de veículos. Com o aumento de carros em Itaquera este quadro pode ainda piorar.

Ou seja, isoladamente, a notícia da construção do estádio nesta região não garante a imediata valorização. Os problemas do bairro podem até gerar desvalorização nos bens. Caso o poder público invista em ações de desenvolvimento, a notícia ganha outro peso. No entanto, quem deseja comprar um imóvel localizado próximo a um estádio precisa ficar atento, porque essas regiões costumam ser palco de algumas inconveniências, como barulho, presença de flanelinhas e tráfego intenso e até conflitos entre torcidas.

Imóveis em Áreas Degradadas

O investidor não pode acreditar cegamente que investimentos públicos em áreas degradadas refletirão imediatamente no mercado imobiliário local. O principal motivo para que as pessoas não invistam prontamente nestas regiões é a possibilidade de que as promessas de revitalização não consigam gerar as transformações necessárias no bairro, onde se localiza o imóvel de interesse do investidor, ou que elas não se concretizem.

Um exemplo disso é a região central da cidade de São Paulo, que até a década de 1960 era uma referência importante da cidade. Até esta época, desempenhava o papel de ofertar oportunidades de moradia e de trabalho. A região começou a deteriorar-se na década seguinte. Nos anos 1980 e 1990, as classes média e alta migraram para outras regiões da cidade. Dessa forma, o centro perdeu boa parte da sua importância econômica e os imóveis locais sofreram grande desvalorização.

Afinal, quem deseja comprar um imóvel onde há grande fluxo de veículos, entulho nas ruas, poluição, barulho, prostitutas, pedintes, camelôs, usuários de drogas e assaltos? Na década de 1990, começaram a ser implantadas uma série de iniciativas para revitalizá-la, que, na prática, geraram poucos resultados, inclusive no mercado imobiliário. Porém, atualmente, uma série de empreendimentos são desenvolvidos na região e a estão transformando de forma totalmente positiva. Caso de um hotel tradicional, o Ca'd'Oro, na região desvalorizada do centro, que foi demolido, para ser convertido em unidades residenciais, escritórios e hotel; teve sua venda altamente disputada, com todas as unidades totalmente comercializadas num único final de semana.

Portanto, ao avaliar áreas degradadas em processo de revitalização, levante o máximo possível de informações sobre os projetos em andamento e, se possível, busque a assessoria de profissionais especializados do setor imobiliário, recorrendo ao SECOVI (www.secovi.com.br).

Terrenos

Quem adquire um terreno deseja construir o imóvel dos seus sonhos. Um dos possíveis problemas que podem surgir no futuro, é a presença de certos tipos de vizinho. Quem deseja, por exemplo, possuir um imóvel próximo a uma barulhenta casa noturna ou uma delegacia de polícia que abrigue detentos? Casos como esses podem gerar desvalorização num terreno.

Diferente do que ocorre com residências, apartamentos e salas comerciais, os terrenos tendem a se deteriorarem menos ao longo do tempo. No entanto, quem investe na aquisição desse tipo de bem só consegue ganhar dinheiro com a venda, após sua valorização. A exceção fica por conta daqueles capazes de gerar renda, por exemplo, terrenos que podem ser usados como estacionamento, ou locação do terreno por determinado período de tempo, para colocação de placas publicitárias e construções fáceis de serem erguidos e removidos (estruturas metálicas ou pré-moldadas). Ou até serem usados como garantias colaterais, para sustentação de operações financeiras ou fiduciárias.

Bairros melhores não costumam gerar significativas oportunidades de ganhos com venda de terrenos pois, geralmente, já estão cotados a elevado preço.

Comprar terrenos em condomínios fechados obriga os investidores a pagar taxa de condomínio. As melhores oportunidades estão nas periferias das cidades, onde, muitas vezes, falta tudo: iluminação, rede de coleta de esgotos, pavimentação, etc. A realização de obras de melhoria reflete na valorização dos imóveis na região. No entanto, as pessoas que adquirem terrenos num bairro periférico, esbarram em duas questões: risco de sua área ser invadida e demora na efetivação de melhorias na região. Diante do primeiro caso, o investidor precisa acompanhar o que acontece no entorno onde está localizado o seu imóvel. Em relação a segunda questão, a pessoa interessada em adquirir uma unidade num bairro periférico deve buscar informações no Plano Diretor e na prefeitura para entender como o município se configurará no futuro. Note que este pode ser um investimento a longo prazo.

Na aquisição de um terreno, é essencial analisar o seu zoneamento e a existência de potenciais adicionais construtivos permitidos pela municipalidade, ou seja, o que pode ou não pode ser construído no terreno? Qual o limite da sua taxa de ocupação (porcentagem entre projeção horizontal da construção em relação à área do terreno), seu índice de aproveitamento (proporção entre área do terreno e área construída), assim como limites verticais e afastamentos necessários dos perímetros divisórios. Outros aspectos a atentar é a existência, por exemplo, de córregos ou nascente de água no terreno, fatores que podem exigir afastamentos mínimos, assim levando a perda de aproveitamento. Da mesma forma, cada vez mais importante e limitante, a existência de áreas verdes, cuja remoção poderá exigir compensações ambientais ou mesmo não ser possível a sua remoção.

Condomínios de casas

Casas de alto padrão, cercadas por forte aparato de segurança, têm atraído o público das classes de nível socioeconômico elevado, que não suportam mais conviver com as mazelas das grandes cidades. São pessoas que fogem da violência, poluição, barulho, entre outros problemas, para levar uma vida mais pacata com sua família. Esse tipo de moradia virou uma febre nas regiões que circundam São Paulo num raio de até 100 km. Nos anos 1970, surgiram empreendimentos como Alphaville e Granja Viana, que atenderam esta demanda.

Os investidores precisam, também, ficar atentos a outros possíveis problemas como: riscos de assaltos no percurso de ida e volta do trabalho e dependência de automóvel para acessar lojas e serviços da região. Um alento: as taxas de condomínio costumam ser mais acessíveis do que as de edifícios de alto padrão. Quem deseja adquirir uma casa com intuito de ganhar com sua valorização deve, primeiramente, estudar a demanda por esse tipo de imóvel na região de seu interesse e, em seguida, optar por um condomínio que esteja próximo a importantes vias de acesso para a maior cidade da região.

Produtos diferenciados

O investidor deve estar atento a imóveis com características muito peculiares e que se tornam diferenciados. Por exemplo, os *lofts*, geralmente, não são divididos por muitas paredes e acomodam no máximo duas pessoas. Esse tipo de produto, que costuma aparecer em séries de TV, filmes e novelas, chama a atenção do público jovem com poder aquisitivo. As unidades custam mais do que um apartamento convencional localizado na mesma região.

Imóveis no exterior

O estouro da bolha imobiliária americana e a queda dos preços dos imóveis na Europa, em virtude da crise econômica, aliada à alta da cotação do real, tornaram possível o sonho de investir na aquisição de uma propriedade no exterior. Vender um imóvel num mercado em alta de preços e adquirir outro inserido numa realidade de baixa pode ser o ponto de partida para a compra de um bem no exterior. A oscilação da economia global e a valorização do real aproximaram os brasileiros de alguns mercados imobiliários internacionais.

Em Orlando, Flórida, casas em condomínios chegaram a ser leiloadas por 65 mil dólares, a 25% do seu preço anterior à crise. Na região, tornou-se possível lucrar duas vezes, tanto com a valorização futura como com a pronta locação para moradores locais, que de proprietários passaram a ser inquilinos. Depois da quebra do banco Lehman Brothers, milhares de famílias americanas passaram a ser locadoras do imóvel onde vivem, entregando seu bem ao banco, devido a forte queda de preços, a manutenção e impossibilidade de pagamento das parcelas de financiamentos firmadas antes da crise. Em Orlando ou Las Vegas, os preços dos imóveis chegaram a cair mais de 50%. Imóveis nessa região podem sair mais em conta do que uma casa no litoral de São Paulo, onde sobrados de 180 metros quadrados custam mais que um milhão de dólares. Com tantos atrativos, os investidores devem ficar atentos aos custos de manutenção de uma unidade no exterior, se vai, efetivamente, usar ou deixar vazio, se pode alugar, se terá uma administradora para cuidar dos assuntos inerentes. Deve calcular se vai assumir um financiamento imobiliário perante um banco, contrato conhecido como *Mortgage*, que exige no mínimo 40% de sinal, atualmente, de um estrangeiro. E se fará frente às prestações em dólar e o risco cambial para pagamento das parcelas restantes financiadas.

Todo investidor brasileiro pode adquirir um imóvel no exterior, a legislação permite isso, desde que seja comprovada a capacidade financeira-tributária do adquirente para execução formal das remessas de recursos ao exterior. Dependendo do motivo da remessa cambial, haverá tributação sobre os valores. Para evitar o pagamento do Imposto de Sucessão, que obriga uma pessoa física a cumprir este compromisso após o falecimento do proprietário do bem, recomenda-se que o imóvel seja colocado em nome de uma pessoa jurídica. Esse imposto é bem elevado, podendo chegar até 50% do valor de mercado do imóvel. Como empresas não morrem, elas ficam isentas deste tributo.

Para realizar uma compra, o investidor deve procurar a assistência de um profissional de corretagem e advogados especializados no assunto no país. Também é fundamental conhecer a regras de tributação do país onde está localizado o imóvel. Por exemplo, no caso de uma aquisição nos Estados Unidos, se mais tarde o bem for vendido, o imposto de renda pago no país sobre ganho de capital poderá ser alto. Nesse caso, é essencial também conhecer as leis estaduais para transações imobiliárias, por ser um país com ampla autonomia na legislação de cada estado.

Quem possui imóveis fora do Brasil precisa fazer a Declaração de Capitais Brasileiros no Exterior para o Banco Central. A obrigação vale tanto para pessoa física como para jurídica.

Capítulo V – A aquisição de imóveis

Quem deseja adquirir um imóvel pode comprá-lo à vista, via financiamento direto com a própria incorporadora, ou via financiamento bancário. A Caixa Econômica Federal é a instituição mais procurada por pessoas que desejam obter recursos para comprar um bem pelo Sistema Financeiro de Habitação (SFH), entretanto, qualquer banco comercial de grande porte certamente oferecerá o financiamento imobiliário na sua carteira de produtos. Dessa forma, o investidor deve pesquisar quais são as taxas cobradas por cada instituição. Para chegar a esta informação, o caminho é simular um financiamento nos sites dos bancos. Após realizar a escolha da instituição e as consultas necessárias, o investidor deve se dirigir até a agência bancária, munido de documentos, para dar entrada no pedido de financiamento.

As exigências para aprovar a concessão de financiamento variam de banco para banco. Uma regra prática neste segmento determina que o valor da prestação não comprometa 30% da renda mensal bruta do investidor. Os interessados precisam levar até a agência bancária:

- Holerite (o profissional precisa estar registrado há pelo menos três meses), ou outros tipos similares de comprovações de rendas;
- Extrato bancário (no caso de pessoas que não consigam comprovar a renda). Os bancos analisam os créditos e débitos realizados na conta corrente nos últimos seis a doze meses, para entender o comportamental da conta, também conhecido como *behavior* do correntista;
- Carteira de Identidade, CPF, Certidão de Casamento, de Separação, Pactos Nupciais, comprovação de residência;
- A mais recente Declaração do Imposto de Renda;

Em relação ao imóvel e vendedor, geralmente serão solicitados:

- Cópia do espelho (capa) do IPTU;
- RG, CPF, Estado civil dos proprietários do imóvel
- Cópia da Matrícula do Imóvel perante Cartório de Registro do Imóvel competente;
- Declaração de quitação do condomínio, em casos aplicáveis;
- Em caso de o imóvel estar em nome de Pessoa Jurídica, cópia do Contrato Social vigente, da inscrição e regularização do CNPJ, de Procuração com designação dos poderes para representar ou assinar em nome da empresa. Oportunamente serão solicitadas todas as certidões de quitações tributárias e previdenciárias. Um cartório não poderá executar uma escritura se não for lhe apresentada uma certidão negativa de débitos fiscais e previdenciárias com validade.

Grande parte das instituições bancárias financia, geralmente, até 80% do valor dos imóveis usados, em função do valor de avaliação levantado por perito indicado pelo banco ou do valor contratado entre as partes, prevalecendo o menor. Este porcentual também leva em consideração a capacidade cadastral do pleiteante de financiamento, ou seja, a sua renda e capacidade de quitação das parcelas. No caso de bens novos, o empréstimo pode cobrir até 100%, mas isso é excepcional, as incorporadoras geralmente exigirão em torno de 20% de sinal até o ato do financiamento. Os prazos de financiamento variam de acordo com a renda do investidor e da sua idade, com limitante na somatória da idade e do prazo de financiamento pleiteado, podendo chegar a trinta anos. Alguns bancos oferecem descontos e planos especiais aos seus correntistas. Costumam ser ágeis para liberar as cartas de crédito, documentos que comprovam o financiamento bancário num determinado valor para aquisição de um imóvel. O processo de financiamento leva em média noventa dias até a efetiva liberação do valor. Em caso de inadimplência, os bancos tentam negociar para receber o que lhe é devido antes de enviar o nome para o cadastro de devedores. Mas há procedimentos formais em que, passados determinados prazos, o nome do financiado é automaticamente positivado perante órgãos de proteção ao crédito, tipo Serasa ou SCPC, criando assim limitações para o cliente inadimplente. Em último caso, o imóvel deste pode até ser tomado pelo banco e leiloado. Poderá ainda cobrar adicionalmente eventuais valores não cobertos pela venda do bem.

No caso de imóveis na planta, os investidores pagam à incorporadora até a entrega das chaves, geralmente com parcelas corrigidas pelo Índice Nacional da Construção Civil (INCC-FGV), tradicionalmente adotado pela indústria de construção civil. Após a assunção do financiamento, para poder, assim, receber as chaves, o índice passará a ser o IGPM, se for plano direto com a incorporadora, ou TR, se for financiamento bancário, mais juros, o que pode alterar de forma significativa o valor das prestações. O grande financiamento, que representa cerca de 80% do valor do imóvel, começa a partir dessa etapa. As empresas costumam apresentar os investidores aos bancos que já financiaram a obra em si, entretanto, o cliente tem a autonomia para escolher um banco que considerar mais interessante.

O Sistema Financeiro Imobiliário (SFI) baseia seus contratos no sistema de alienação fiduciária, o que garante ao banco reaver um imóvel no prazo de 90 a 180 dias em caso de inadimplência. Claro que os bancos tentarão de várias formas uma composição das parcelas inadimplentes pois não lhes interessam, no final, resgatar o imóvel, isso seria uma última alternativa.

Compra à vista

Comprar um apartamento na planta e pagá-lo à vista oferece ao investidor boas chances de realizar um ótimo negócio, ele deverá fazer um comparativo entre a rentabilidade obtida nas suas aplicações e o valor para quitação oferecido pela incorporadora A dinâmica deste mercado funciona assim: a companhia lança o empreendimento, e de seis a doze meses depois, iniciará a obra e, em um prazo médio de dezoito a 24 meses, entregará o empreendimento. A empresa só começa a cobrar juros, no término das obras, mediante entrega das chaves ao comprador, ou seja, cerca de 36 meses após o lançamento. Importante destacar que uma incorporadora somente iniciará, efetivamente, as vendas no dia que obtiver o respectivo registro de incorporação do empreendimento, isto é, quando tiver registrado perante o Registro de Imóveis a lista completa de documentos e licenças necessários e, assim, colocados à disposição pública para consulta.

Quanto ao pagamento à vista, na prática, o desconto, que pode ser obtido pelo investidor, é o fruto financeiro desse espaço de tempo de até 36 meses, no qual o juro não é cobrado, assim sendo, os valores das parcelas são trazidos à taxa de desconto do valor presente, atualizados à taxa de juros praticada pelo mercado financeiro. Comprar uma unidade à vista, neste primeiro momento, pode gerar um desconto de 15% a 20% da tabela do bem. O desconto é negociado em função do interesse, ou necessidade da incorporadora em receber, de forma antecipada, o valor da venda, podendo ser maior ou menor. Por exemplo, um apartamento ofertado ao mercado por 500 mil reais pode ser adquirido à vista por 400 mil reais. Trata-se, também, de um ótimo negócio para a construtora, que vai receber antecipadamente todo o dinheiro. O desconto corresponde à média de 10% ao ano de juros, considerando um prazo entre zero a 36 meses. Neste período, não existem juros e sim correção monetária. Caso a taxa do país caia, as construtoras tendem a diminuir a taxa de desconto do valor do imóvel pago à vista. Dessa forma, o ideal é o cliente antecipar o pagamento para fazer o melhor negócio. Ou seja, quitar o bem sem pagar juros de 10% ao ano, mais correção.

O pagamento à vista pode ser interessante para ambas as partes, o cliente e a incorporadora, que já recebe a integridade do preço e não terá problemas de inadimplência daquele determinado contrato bem como melhorará o fluxo financeiro da obra em si, aumentando a rentabilidade do empreendimento. Entretanto, muitas incorporadoras oferecem pequenos descontos para pagamento antecipado, o que torna a oportunidade pouco atraente para o comprador. Antes de decidir por essa opção, o comprador deverá confirmar a solidez financeira da incorporadora, a regularidade da parte documental, e obter outras informações, pois ele estará entregando a parte integral do pagamento, para um imóvel que receberia um, dois ou até três anos depois.

Muitas pessoas ainda confundem correção monetária com taxa de juros. A correção monetária, tal como o INCC/FGV ou IGP-M/FGV (amplamente adotado para atualização de contratos, tal como os de aluguéis), é somente a atualização do valor das prestações e do saldo do imóvel, decorrente de corrosão do valor por índices de inflação. O que é cobrado além da correção são os juros.

Hoje, as empresas dão desconto de cerca de 5% a 8% ao ano para que o pagamento à vista se torne uma opção atrativa. Sem este desconto, o cliente pode, por exemplo, aplicar seus recursos no banco e optar por pagar seu imóvel em prestações. A taxa básica de juros pode ser tomada como referência em relação ao desconto que as incorporadoras dão aos seus clientes. Quem paga um imóvel à vista também se livra da correção monetária embutida nas parcelas. No caso de um compromisso de pagamento de 10 mil reais, no prazo de um ano, considerando uma taxa de inflação anual de 6%, este valor chegará a 10.600 reais. Se o investidor decide pagar seu compromisso à vista, o valor de 10 mil reais é o que deve ser considerado como base de cálculo de desconto. Neste caso, a incorporadora, ao lhe oferecer desconto de 10%, conseguirá reduzir este valor para 9 mil reais.

A correção monetária no setor imobiliário, durante a construção, é indexada ao Índice de Custo de Construção (ICC) ou ao INCC, ambos os mais utilizados pelo mercado. Após a construção, obtido o Habite-se, e entregue a chave do imóvel, o índice mais usado para o reajuste das parcelas é o IGP-M, acrescido de juros de 12% ao ano, calculados pelo sistema de "Tabela *Price*".

Investidores que não se sentem seguros de aportar grande quantidade de dinheiro sem contar com o imóvel pronto, podem optar por comprá-lo a prazo e quitá-lo ao receber as chaves. Neste caso, o desconto será menor, mas há a vantagem de não pagar juros a bancos ou securitizadoras de recebíveis, que são agentes financeiros que assumem as carteiras das incorporadoras, desempenhando o papel de um banco.

TABELA DE VENDAS FINANCIADA

Tabela base novembro/2012

UNIDADE			ATO novembro-12 FIXO	A 30, 60, 90 DIAS DO CONTRADO dezembro-12 FIXO	32 MENSAIS março-13 NOTA C	2 ANUAIS dezembro-13 NOTA C	PARCELA ÚNICA outubro-15 NOTA C	FINANCIAMENTO novembro-15 NOTA D	PREÇO TOTAL
Gardem (2 vagas)									
Final:	1		17.680	9.120	870	10.710	36.410	299.840	430.550
	4		17.890	9.220	880	10.840	36.850	303.450	435.690
	2	3	17.420	8.980	860	10.540	35.840	295.150	423.950
2º andar e 3º andar									
Final:	1	4	16.500	8.530	810	9.970	33.900	279.140	400.990
	2	3	16.180	8.370	790	9.770	33.220	273.610	392.940
4º andar ao 6º andar									
Final:	1	4	16.890	8.720	830	10.210	34.730	286.000	410.760
	2	3	16.570	8.560	810	10.010	34.040	280.340	402.570
7º andar ao 9º andar									
Final:	1	4	17.290	8.920	850	10.460	35.560	292.870	420.600
	2	3	16.950	8.750	830	10.250	34.860	287.070	412.190
10º andar ao 12º andar									
Final:	1	4	17.610	9.080	870	10.660	36.250	298.540	428.800
	2	3	17.270	8.910	850	10.450	35.530	292.630	420.260
13º andar ao 15º andar									
Final:	1	4	17.950	9.250	880	10.880	36.980	304.510	437.110
	2	3	17.610	9.080	870	10.660	36.240	298.480	428.730
16º andar ao 18º andar									
Final:	1	4	18.290	9.420	900	11.090	37.700	310.480	445.710
	2	3	17.940	9.250	880	10.870	36.950	304.330	436.870
19º andar (2 vagas)									
Final:	1	4	18.970	9.760	940	11.520	39.150	322.420	462.940
	2	3	18.610	9.580	920	11.290	38.380	316.040	453.790

NOTAS:

A. TABELA: todos os valores desta tabela de preços estão expressos em reais (R$).

B. TÉRMINO DE OBRA: a conclusão está prevista para outubro de 2015, com carência de 6 meses conforme compromisso de compra e venda.

C. REAJUSTE: as parcelas indicadas serão reajustadas mensalmente até a entrega das chaves pela variação do INCC e a partir desta data serão reajustadas pela variação do IGPM, conforme contrato de compra e venda.

D. VALIDADE: a presente tabela de preços poderá ser alterada sem prévio aviso.

E. CONTRATO: as condições acima e as demais condições complementares da venda estão claramente explicitadas no compromisso de compra e venda.

Uso de FGTS

Os investidores podem usar os recursos do Fundo de Garantia do Tempo de Serviço (FGTS), seguindo as condições determinadas pela Caixa Econômica Federal, instituição gestora desse Fundo. Deve-se verificar os valores que possui, antes de iniciar o processo de financiamento. Para obter mais informações sobre o FGTS, o caminho é consultar o site da Caixa Econômica Federal ou ir a qualquer agência da instituição, onde poderá obter extratos e saldos, assim como todas as informações necessárias quanto ao saque ou uso dos recursos ali depositados em seu nome.

O FGTS pode ser utilizado para:

- Pagamento de parte ou total do valor de compra do imóvel residencial urbano;
- Pagamento de parte do valor das prestações;
- Amortização extraordinária ou liquidação antecipada do saldo devedor;
- Para fazer lances em consórcios perante entidades credenciadas pelo Banco Central, para aquisição de imóvel.

O investidor que desejar adquirir um imóvel usando recursos do FGTS precisa estar atento a algumas restrições, como sua localização, informações que podem ser obtidas no site da CEF (www.cef.gov.br). Vamos citar algumas: O bem deve estar localizado no município ou em outro limítrofe, ou ainda pertencente a mesma região metropolitana, onde o comprador exerce sua ocupação principal, neste caso, o investidor não pode possuir nenhum imóvel em todo território nacional. O valor deve ser menor ou igual ao máximo estabelecido pelo SFH. Exemplo de municípios limítrofes: São Paulo e Osasco.

O FGTS não pode ser utilizado para compra de um imóvel para dependentes, familiares ou terceiros. O bem tem de estar em condições para moradia e não poderá ter sido comprado com recursos do FGTS pelo vendedor nos últimos três anos.

Financiamento bancário ou financiamento direto com a incorporadora

No momento em que a obra estiver pronta, o proprietário que não comprou o imóvel à vista tem dois caminhos.

Ele pode procurar uma instituição bancária que lhe conceda um financiamento imobiliário e pague o que deve à incorporadora. Assim, o investidor obterá a escritura com financiamento do seu imóvel, passando sua dívida para o banco. A própria incorporadora pode encaminhar o cliente a uma instituição na qual tenha bom relacionamento comercial. Muitas vezes, o banco recomendado é o mesmo que financiou a construção do empreendimento. O cliente não precisa, necessariamente, ficar atrelado ao mesmo agente financeiro da incorporadora. No entanto, este costuma ser o caminho mais fácil, pois este banco já tem todas as informações e documentos do empreendimento.

Porém nem todos os investidores conseguem aprovação de bancos para adquirir seu bem em longo prazo. Há vários motivos para que isto ocorra, sem demérito à idoneidade da pessoa. Por exemplo, existem muitos profissionais liberais que não conseguem comprovar sua renda. Quando a incorporadora percebe que está diante de uma pessoa com capacidade de pagamento, pode lhe oferecer um plano direto, cobrando taxas de juros, mais correção monetária e, em seguida, repassar o contrato para uma securitizadora de recebíveis, que na prática, é um outro agente financeiro que assume sob outras práticas, mas com iguais condições de garantia, o financiamento do imóvel, geralmente em prazos menores a custos maiores.

Este financiamento, via contrato direto com a incorporadora, envolve o pagamento de parcelas mensais, semestrais, anuais, de entrega de chaves e outras de pós chaves. Por exemplo, em 2010, eles registraram 12% de juros ao ano mais correção, baseado no IGP-M. Esta é uma solução viável para que muita gente adquira seu imóvel.

Vamos analisar um investidor que adquire um apartamento de 150 mil reais e financie 100 mil reais deste montante em 150 meses. Ao dividir os 100 mil reais por 150 chegamos a 666,67 reais, além da correção monetária No entanto, ao introduzir neste cálculo juros de 12% ao ano, este valor sobe para 1 253,52 reais. Praticamente o dobro. Muitas vezes, a tabela de vendas apresenta o valor de 666,67 reais. Por isso, o investidor precisa ficar atento para as parcelas até as chaves e as parcelas pós chaves (com juros).

Compromissos financeiros

Difícil listar todos os cuidados que as pessoas devem ter para comprar um imóvel. O principal deles é ter ciência de que poderão assumir os compromissos financeiros relacionados à aquisição de um bem (entrada, prestações, parcelas trimestrais, semestrais e anuais, na entrega das chaves, além das despesas legais e documentais). Este é o erro mais comum praticado por muita gente. O investidor precisa ter recursos para garantir o pagamento do imóvel até o final do compromisso assumido. É muito comum observar pessoas adquirindo apartamentos com intuito de revendê-lo rapidamente, para ganhar um ágio com o negócio. No final, muitas não conseguem negociar seu bem, nem assumir mais suas prestações. Nestes casos, a única saída é quebrar o acordo com a empresa ou revender o imóvel. É importante estar ciente de que o investidor, ao acabar com um negócio, encontra prejuízo. Estas informações estão específicas em contrato. Geralmente, a perda é de 10% do valor do imóvel, para cobrir despesas jurídicas e de corretagem despendidas pelas companhias. Caso o investidor pare de pagar as parcelas de financiamento bancário, o imóvel já entregue e financiado será retomado pelo banco num espaço curto de tempo, que geralmente não extrapola seis meses.

Hoje, os negócios imobiliários são fechados sob o sistema de alienação fiduciária, que consiste em promover a posse provisória de um imóvel, ou seja, o comprador é imitido na posse provisória do imóvel. Assim, mesmo que esteja morando ali, não será o pleno proprietário do local. Somente quando for integralmente quitado o valor do imóvel, perante a incorporadora ou o banco, o investidor receberá posse definitiva dele (ou o seu domínio pleno), tornando-se assim o legítimo proprietário do imóvel, mediante o recebimento da quitação final fornecida pela incorporadora ou pelo banco. Essa é uma situação jurídica que permite à parte credora retomar o imóvel financiado em menor prazo processual.

No passado, muitas pessoas acabavam ficando no imóvel por longos prazos, mesmo sem pagar suas prestações. Alegavam que moravam com sua família na unidade. Às vezes até levavam crianças pequenas em reuniões em bancos com intuito de sensibilizar os representantes das instituições. Durante um bom tempo, a legislação que abrangia o setor era morosa e ineficiente, os processos de retomada do imóvel se perdiam nos meandros dos fóruns judiciais. Resultado: era uma dificuldade conseguir tirar uma pessoa inadimplente de um imóvel. No entanto, isso não ocorre mais. Hoje, os bancos o conseguem reaver com muito mais rapidez.

Todo investidor deve conhecer bem sua situação financeira antes de assumir um compromisso de vulto, de longo prazo, ser totalmente franco e transparente consigo mesmo e com seus familiares. Não deve ficar contando com possibilidades remotas de entrada de recursos mediante, por exemplo, a venda de outro bem que possua. Caso o investidor considere que necessite de orientações para gerenciar melhor suas finanças pessoais, deve procurar profissionais especializados para auxiliá-lo.

Elaborando uma proposta para compra de um apartamento novo

O valor inicial necessário, de imediato, para compra de um apartamento na planta, normalmente, é de 4% a 10% do valor do imóvel, percentual normalmente registrado na tabela de vendas. Quando o investidor pode extrapolar este valor, pode conseguir um bom desconto (algo próximo do CDI) no preço do bem que está adquirindo (porém, pouco provável se conseguir desconto para somente a parte do sinal, ou seja, desconto nas parcelas iniciais, pois, praticamente os valores iniciais são para remuneração da imobiliária e corretores). Quando a taxa de juros está em alta, a tendência é de as empresas darem maiores descontos (negociação de desconto somente para quitação de valor mais significativo; para pequenas quantias não considerarão relevante).

Se o investidor acredita que a empresa seja séria e sólida, e tiver recursos aplicados, vale a pena pagar uma unidade à vista. A tabela de vendas não impõe as condições de negócios entre investidores e empresa, ela funciona como um referencial, e propostas lógicas sempre serão bem-vindas. Há situações em que são feitas propostas usando-se carros ou imóveis como parte do pagamento, às vezes sendo aceitas. Faça a proposta, dentro de bases lógicas. Será difícil uma incorporadora aceitar uma fazenda no Maranhão como parte do pagamento de um imóvel em São Paulo, por exemplo.

Em ocasiões em que o mercado está aquecido, as empresas tendem a dar descontos muito pequenos ou nenhum aos clientes, pois o produto será vendido, se não para esse, à um outro potencial comprador. Tudo oscila de acordo com a realidade do momento do mercado. No entanto, nenhuma empresa gosta de ficar com unidades remanescentes, depois de prontas. Caso isto ocorra, ela tem de arcar com despesas de condomínio, IPTU, de acabamento (nova pintura, retoques, etc.) e manutenção, além de ter seu capital de giro imobilizado. Tudo isso custa caro. Por isso, nenhuma empresa deseja ter estoque de imóveis. O ideal é que as unidades sejam vendidas num prazo curto. Diante dessa realidade, um investidor pode fazer uma proposta à incorporadora, quando verificar que o prédio está para ser entregue e pode conseguir um bom negócio.

Hoje, vale a pena buscar financiamento bancário para adquirir imóveis. Primeiro, porque os juros caíram bastante e os bancos têm procurado se adequar a uma realidade mais competitiva na disputa de clientes. Ou seja, estamos convivendo com taxas historicamente baixas para financiamento imobiliário. E segundo, os prazos dos financiamentos também se estenderam, podendo chegar a

30 anos. Com essa nova forma de acesso ao crédito, hoje é possível encaixar uma prestação de financiamento a uma vasta gama de pleitos de financiamentos para famílias de alta, média e baixa renda.

Tabela Price x Tabela SAC

Para o investidor, o cálculo que utiliza a Tabela SAC (Sistema de Amortização Constante, ou seja, parte do valor financiado é quitada em todas as prestações de forma constante) é a melhor opção de plano de financiamento, porque pagará menos juros para o banco. Sua vantagem está nas parcelas de financiamento que apresentam valores decrescentes com o passar do tempo, pois o valor do financiamento tem sido quitado ao longo do tempo, desde a primeira parcela. Entretanto, as parcelas iniciais são maiores e exige-se maior valor de comprovação de renda para qualificação ao financiamento. No caso de uso da Tabela *Price*, que mantém as prestações com valores sempre iguais, grande parte do pagamento que os investidores desembolsarão, até a metade do prazo de financiamento, envolve juros, sendo pequena a amortização de sua dívida neste período. Ele só começa a diminuir, visivelmente, seu débito a partir da segunda metade do contrato. Entretanto, as parcelas iniciais são menores e exige-se menor comprovação de renda. Ou seja, o sistema que envolve amortização constante pode ser mais interessante. No entanto, muitas vezes, as pessoas não conseguem utilizar o SAC como referência de cálculo de seu financiamento, porque sua renda não é suficiente para cobrir as prestações iniciais. O interessado deve verificar com o banco a possibilidade de opção do sistema de amortização que adotará, verificar o comportamento de valor das prestações e se elas caberão, adequadamente, na renda familiar mensal, idealmente, em torno de 30% das receitas da família.

Exemplo de financiamento no valor de R$100.000,00 (Tabela Price x Tabela SAC)

Prazo de pagamento: 5 anos (60 meses)
Taxa de juros: 10% ao ano

Juros Sistema Price 26.213,49

Price

	Saldo Inicial	Juros	Parcela	Amortização	Saldo Final
1	100.000,00	797,41	2.103,56	1.306,14	98.693,86
2	98.693,86	787,00	2.103,56	1.316,56	97.377,30
3	97.377,30	776,50	2.103,56	1.327,06	96.050,24
4	96.050,24	765,92	2.103,56	1.337,64	94.712,60
5	94.712,60	755,25	2.103,56	1.348,31	93.364,29
6	93.364,29	744,50	2.103,56	1.359,06	92.005,23
7	92.005,23	733,66	2.103,56	1.369,90	90.635,34
8	90.635,34	722,74	2.103,56	1.380,82	89.254,52
9	89.254,52	711,73	2.103,56	1.391,83	87.862,69
10	87.862,69	700,63	2.103,56	1.402,93	86.459,76
11	86.459,76	689,44	2.103,56	1.414,12	85.045,64
12	85.045,64	678,17	2.103,56	1.425,39	83.620,25
13	83.620,25	666,80	2.103,56	1.436,76	82.183,49
14	82.183,49	655,34	2.103,56	1.448,22	80.735,28
15	80.735,28	643,79	2.103,56	1.459,76	79.275,51
16	79.275,51	632,15	2.103,56	1.471,40	77.804,11
17	77.804,11	620,42	2.103,56	1.483,14	76.320,97
18	76.320,97	608,59	2.103,56	1.494,96	74.826,01
19	74.826,01	596,67	2.103,56	1.506,89	73.319,12
20	73.319,12	584,66	2.103,56	1.518,90	71.800,22
21	71.800,22	572,55	2.103,56	1.531,01	70.269,21
22	70.269,21	560,34	2.103,56	1.543,22	68.725,99
23	68.725,99	548,03	2.103,56	1.555,53	67.170,46
24	67.170,46	535,63	2.103,56	1.567,93	65.602,53
25	65.602,53	523,12	2.103,56	1.580,43	64.022,09
26	64.022,09	510,52	2.103,56	1.593,04	62.429,06
27	62.429,06	497,82	2.103,56	1.605,74	60.823,32
28	60.823,32	485,01	2.103,56	1.618,54	59.204,77
29	59.204,77	472,11	2.103,56	1.631,45	57.573,32
30	57.573,32	459,10	2.103,56	1.644,46	55.928,86
31	55.928,86	445,98	2.103,56	1.657,57	54.271,29
32	54.271,29	432,77	2.103,56	1.670,79	52.600,50
33	52.600,50	419,44	2.103,56	1.684,11	50.916,38
34	50.916,38	406,01	2.103,56	1.697,54	49.218,84
35	49.218,84	392,48	2.103,56	1.711,08	47.507,76
36	47.507,76	378,83	2.103,56	1.724,72	45.783,03
37	45.783,03	365,08	2.103,56	1.738,48	44.044,56
38	44.044,56	351,22	2.103,56	1.752,34	42.292,22
39	42.292,22	337,24	2.103,56	1.766,31	40.525,90
40	40.525,90	323,16	2.103,56	1.780,40	38.745,50
41	38.745,50	308,96	2.103,56	1.794,60	36.950,91
42	36.950,91	294,65	2.103,56	1.808,91	35.142,00
43	35.142,00	280,23	2.103,56	1.823,33	33.318,67
44	33.318,67	265,69	2.103,56	1.837,87	31.480,80
45	31.480,80	251,03	2.103,56	1.852,53	29.628,27
46	29.628,27	236,26	2.103,56	1.867,30	27.760,97
47	27.760,97	221,37	2.103,56	1.882,19	25.878,79
48	25.878,79	206,36	2.103,56	1.897,20	23.981,59
49	23.981,59	191,23	2.103,56	1.912,33	22.069,26
50	22.069,26	175,98	2.103,56	1.927,57	20.141,69
51	20.141,69	160,61	2.103,56	1.942,95	18.198,74
52	18.198,74	145,12	2.103,56	1.958,44	16.240,30
53	16.240,30	129,50	2.103,56	1.974,06	14.266,25
54	14.266,25	113,76	2.103,56	1.989,80	12.276,45
55	12.276,45	97,89	2.103,56	2.005,66	10.270,79
56	10.270,79	81,90	2.103,56	2.021,66	8.249,13
57	8.249,13	65,78	2.103,56	2.037,78	6.211,35
58	6.211,35	49,53	2.103,56	2.054,03	4.157,32
59	4.157,32	33,15	2.103,56	2.070,41	2.086,92
60	2.086,92	16,64	2.103,56	2.086,92	0,00

SAC

Juros Sistema SAC 24.321,13

	Saldo Inicial	Juros	Amortização	Parcela	Saldo Final
1	100.000,00	797,41	1.666,67	2.464,08	98.333,33
2	98.333,33	784,12	1.666,67	2.450,79	96.666,67
3	96.666,67	770,83	1.666,67	2.437,50	95.000,00
4	95.000,00	757,54	1.666,67	2.424,21	93.333,33
5	93.333,33	744,25	1.666,67	2.410,92	91.666,67
6	91.666,67	730,96	1.666,67	2.397,63	90.000,00
7	90.000,00	717,67	1.666,67	2.384,34	88.333,33
8	88.333,33	704,38	1.666,67	2.371,05	86.666,67
9	86.666,67	691,09	1.666,67	2.357,76	85.000,00
10	85.000,00	677,80	1.666,67	2.344,47	83.333,33
11	83.333,33	664,51	1.666,67	2.331,18	81.666,67
12	81.666,67	651,22	1.666,67	2.317,89	80.000,00
13	80.000,00	637,93	1.666,67	2.304,60	78.333,33
14	78.333,33	624,64	1.666,67	2.291,31	76.666,67
15	76.666,67	611,35	1.666,67	2.278,02	75.000,00
16	75.000,00	598,06	1.666,67	2.264,73	73.333,33
17	73.333,33	584,77	1.666,67	2.251,44	71.666,67
18	71.666,67	571,48	1.666,67	2.238,15	70.000,00
19	70.000,00	558,19	1.666,67	2.224,86	68.333,33
20	68.333,33	544,90	1.666,67	2.211,57	66.666,67
21	66.666,67	531,61	1.666,67	2.198,28	65.000,00
22	65.000,00	518,32	1.666,67	2.184,99	63.333,33
23	63.333,33	505,03	1.666,67	2.171,70	61.666,67
24	61.666,67	491,74	1.666,67	2.158,41	60.000,00
25	60.000,00	478,45	1.666,67	2.145,12	58.333,33
26	58.333,33	465,16	1.666,67	2.131,82	56.666,67
27	56.666,67	451,87	1.666,67	2.118,53	55.000,00
28	55.000,00	438,58	1.666,67	2.105,24	53.333,33
29	53.333,33	425,29	1.666,67	2.091,95	51.666,67
30	51.666,67	412,00	1.666,67	2.078,66	50.000,00
31	50.000,00	398,71	1.666,67	2.065,37	48.333,33
32	48.333,33	385,42	1.666,67	2.052,08	46.666,67
33	46.666,67	372,13	1.666,67	2.038,79	45.000,00
34	45.000,00	358,84	1.666,67	2.025,50	43.333,33
35	43.333,33	345,55	1.666,67	2.012,21	41.666,67
36	41.666,67	332,26	1.666,67	1.998,92	40.000,00
37	40.000,00	318,97	1.666,67	1.985,63	38.333,33
38	38.333,33	305,68	1.666,67	1.972,34	36.666,67
39	36.666,67	292,39	1.666,67	1.959,05	35.000,00
40	35.000,00	279,09	1.666,67	1.945,76	33.333,33
41	33.333,33	265,80	1.666,67	1.932,47	31.666,67
42	31.666,67	252,51	1.666,67	1.919,18	30.000,00
43	30.000,00	239,22	1.666,67	1.905,89	28.333,33
44	28.333,33	225,93	1.666,67	1.892,60	26.666,67
45	26.666,67	212,64	1.666,67	1.879,31	25.000,00
46	25.000,00	199,35	1.666,67	1.866,02	23.333,33
47	23.333,33	186,06	1.666,67	1.852,73	21.666,67
48	21.666,67	172,77	1.666,67	1.839,44	20.000,00
49	20.000,00	159,48	1.666,67	1.826,15	18.333,33
50	18.333,33	146,19	1.666,67	1.812,86	16.666,67
51	16.666,67	132,90	1.666,67	1.799,57	15.000,00
52	15.000,00	119,61	1.666,67	1.786,28	13.333,33
53	13.333,33	106,32	1.666,67	1.772,99	11.666,67
54	11.666,67	93,03	1.666,67	1.759,70	10.000,00
55	10.000,00	79,74	1.666,67	1.746,41	8.333,33
56	8.333,33	66,45	1.666,67	1.733,12	6.666,67
57	6.666,67	53,16	1.666,67	1.719,83	5.000,00
58	5.000,00	39,87	1.666,67	1.706,54	3.333,33
59	3.333,33	26,58	1.666,67	1.693,25	1.666,67
60	1.666,67	13,29	1.666,67	1.679,96 -	0,00

Prestações antes e depois da entrega de chaves

O valor das prestações, após a entrega de chaves, é bem mais elevado se comparado às parcelas anteriores. O investidor deve ficar atento a este dado, que precisa estar firmado em contrato. Por exemplo, um apartamento de 300 mil reais, cujo financiamento cubra 70% deste valor, tem a parcela mensal de R$900,00, até a entrega de chaves, então, o valor mais do que triplica no instante em que a pessoa recebe o imóvel pronto, e assume um financiamento em 120 meses (juros de 10% ao ano).

Os incorporadores levam em consideração formas que possam facilitar a venda, com prestações iniciais menores, assim, postergando ao longo do tempo, os valores maiores ou embutindo dentro do financiamento as parcelas de maior peso. São formas que atraem potenciais compradores, pois, frequentemente poderiam estar pagando aluguéis de moradia em paralelo aos compromissos financeiros da compra, ou que pesaria significativamente no orçamento familiar.

EXEMPLO DE MUDANÇA DE VALOR DE PARCELA ANTES E DEPOIS DA ENTREGA DAS CHAVES

Valor total: 300 mil reais

30% até as chaves = 90 mil reais, sendo:

Ato =
19 200 reais (na assinatura do contrato, parcelado metade em 30 dias e metade em 60 dias)
19 200 reais em três parcelas anuais de 6 400 reais
32 400 reais em 36 meses de 900 reais

Entrega das Chaves = 19 200 reais
70% financiado = 210 mil reais – prestação de 2 800 reais mensais durante 120 meses (Tabela Price)

Administrador: Rio Bravo

Para mais informações acesse:
<http://www2.riobravo.com.br/imobiliarios/higienopolis.asp?id_projeto=1869 .>

Percentual da renda para financiamento

Quem busca financiamento para adquirir um bem, não deve comprometer mais do que 30% de sua renda numa prestação. Esse critério, estipulado pelas instituições bancárias, através de constatações realísticas, estabelece a possibilidade de os tomadores de empréstimos onerarem seu dia a dia e não conseguirem honrar com os novos compromissos assumidos.

As pessoas não devem passar por grandes privações por isso, elas precisam pagar a escola dos filhos, despesas com alimentação, água, luz, etc. Devem, no máximo, sacrificar gastos com viagens, refeições em restaurantes, compras, em caso de assumirem a compra de uma propriedade. É ilusão acreditar, por exemplo, que seja possível comprometer 50% da renda com uma prestação de financiamento.

A tabela de vendas normalmente engloba as seguintes etapas: entrada (que pode ser um sinal), parcelas mensais, trimestrais, semestrais, anuais e de chaves. No ato da assinatura do contrato de financiamento imobiliário, todas as parcelas anteriores já estariam quitadas, assim, constituindo-se somente dívida com o banco. A parcela de chaves pode ser embutida no financiamento, que será feito com o banco. O investidor pode usar seu fundo de garantia para pagar a parcela de chaves, ou até pedir um financiamento maior, desde que a avaliação do imóvel permitam este adicional, ou seus dados cadastrais (comprovação de renda) e idade, permitam justificar um financiamento e, consequentemente, a prestação, maior.

Entrega de chaves, novos compromissos

A vistoria para recebimento é a última etapa da entrega do bem para o investidor.

Ao receber as chaves de seu imóvel, o investidor assume novos compromissos, deparando-se com uma nova realidade que envolve: o pagamento de IPTU e condomínio, com a primeira assembleia do condomínio, para a constituição dos cargos diretivos (síndico, subsíndico e conselheiros). Um prédio pronto necessita de um zelador ou de um gerente de administração e de funcionários para cuidar de sua segurança, limpeza e manutenção. Mesmo que uma pessoa não esteja usufruindo do imóvel, ela se beneficia de tudo isso e será obrigado a pagar tais despesas. Cotas condominiais obrigam todos os proprietários de unidades do condomínio, uma vez constituído.

Nesta fase, a incorporadora pode indicar uma administradora, que se aprovada pela assembleia, gerenciará o empreendimento. A administradora poderá ser mantida ou oportunamente substituída pelo Corpo Diretivo do condomínio. Legalmente, o síndico é a única pessoa responsável, uma vez instituído o condomínio, com seu CPF cadastrado perante a Receita Federal. O poder do subsíndico é subalterno ao do síndico, podendo atuar com a anuência do síndico. Este responderá legal e tributariamente pelos atos e responsabilidades do condomínio.

A administradora deve logo informar o valor do condomínio, podendo trazer, na primeira assembleia, um valor estimado para as primeiras parcelas. Unidades maiores pagam mais e as menores, menos. O cálculo é sempre referente à área privativa de cada unidade. A taxa de condomínio é direcionada para a manutenção do empreendimento: pagamento de salários dos funcionários, água, luz e compra de matérias de limpeza, pagamento de seguros, manutenção de elevadores, reformas e pequenas benfeitorias. Investimentos (exemplificando: alterações da portaria, instalação de vidros blindados, circuito interno de vigilância, geradores, móveis para salão de festa, equipamentos de ginástica) serão realizados através de rateios extras, desde que aprovados em assembleia condominial. Atualmente, as incorporadoras têm entregue os edifícios decorados e equipados (nas áreas comuns).

Outra providência a ser tomada é levantar recursos extras junto aos condôminos para pequenos investimentos iniciais: comprar cestas de lixo, carrinhos de supermercado, móveis de áreas comuns, chuveiros, assentos sanitários para os banheiros dos funcionários, capachos, entre outros itens. Tais aquisições precisam, também, ser antecipadamente aprovadas em assembleia, mas esse investimento é geralmente de pequeno porte.

Corretores não têm a obrigação de fornecer o valor do condomínio de um apartamento em construção. Estes profissionais não possuem capacidade para determinar esses números com precisão, pois é um fato alheio à sua atuação. Podem informar um valor de referência, baseando-se em unidades similares ou em sua outra experiência.

A adoção pelo condomínio de meios que permitam minimizar o consumo de energia, gás e água e de outras despesas de manutenção, que tratem de reciclagem ou sustentabilidade, resultam em menores valores de cotas condominiais e, assim, possibilitam a valorização do condomínio, a folha de pagamento de funcionários e os custos de manutenção de elevadores são os itens mais relevantes na despesa condominial, devendo ser mantido o foco na minimização dessas despesas.

Perfil do tomador de empréstimo

As incorporadoras e os bancos analisam o histórico cadastral, a renda, o patrimônio e até os extratos bancários dos solicitantes de financiamento. Em relação ao exame deste último caso, há uma justificativa: muita gente não consegue comprovar seus rendimentos formalmente. No entanto, muitas dessas pessoas possuem certa capacidade de assumirem endividamento, por manterem, sob outras origens, renda compatível ou superior ao compromisso que desejam assumir. Esta informação, muitas vezes, não está evidenciada em carteira de trabalho assinada ou pró-labore e sim num extrato bancário, ou comportamento bancário. A pessoa tem de provar quanto entrou de crédito em sua conta, seus débitos e seus saldos médios. Durante este processo, empresas especializadas desenvolvem trabalho de análise de crédito, de *rating*, de avaliação do perfil e cadastro de candidato a financiamento, verificando, entre outros pontos, se ele tem títulos protestados, restrições bancárias ou comerciais, cobranças fiscais, ou processos judiciais contra seu nome. As incorporadoras também têm se precavido, antes de aceitarem a venda e assinarem o contrato, fazendo um levantamento da situação cadastral-financeira do cliente e aprovando ou não a venda. Assim, elas evitam transtornos futuros, pela potencial impossibilidade em conseguir o financiamento necessário, ou, até mesmo, em honrar as parcelas assumidas perante ela.

As empresas tiveram problemas em épocas de inflação, os salários não conseguiam acompanhar os valores das prestações. Hoje, com a economia estabilizada, o mercado segue mais tranquilo. Entretanto, algumas pessoas de menor renda podem ter problemas para pagar prestações, quando surgem empecilhos, implicando gastos extras em seu cotidiano. Por não terem sobra em seu rendimento, qualquer imprevisto ou emergência, por exemplo, um problema de saúde ou acidente de carro, pode levar ao atraso de uma prestação. Há casos de pessoas, dessa faixa de renda, que compraram apartamentos no programa habitacional do governo "Minha Casa, Minha Vida", num final de semana, e poucas semanas ou meses depois, tiveram que se desfazer do negócio. Uma quantidade significativa de vendas deste programa é cancelada em pouco tempo depois de encaminhada a proposta de compra, porque as pessoas agem apenas com a emoção quando vão adquirir o seu bem, ou por não conseguirem comprovar a renda familiar necessária, mesmo que possa ser composta por grupo de até três pessoas. Na cabeça de muitas delas, comprar um imóvel é um projeto quase inatingível. No entanto, como já abordamos, um comprometimento com prestação de imóvel que extrapole 30% do valor da renda pode gerar um quadro similar.

Muitas pessoas, também, se sentem seguras para assumir um financiamento por acreditarem que possam assumir as prestações mensais, esquecendo das parcelas intermediárias. Muitas vezes, o pagamento de ambas coincide numa mesma data. E onde estão os recursos para honrá-las numa hora dessas? Um compromisso que demanda, mensalmente, o pagamento de mil reais pode quadruplicar num determinado mês, decorrente de uma parcela extra. Todas estas informações estão registradas em contrato e na tabela de vendas das incorporadoras, observe-as atentamente.

As parcelas intermediárias até a entrega de chaves, geralmente, não possuem juros, apenas correção monetária atualizadas pelo índice INCC-FGV. Por exemplo, se a inflação registrada num determinado período for de 3,5% no período, a parcela será corrigida no mesmo percentual à partir do mês de referência do contrato.

Prazo de financiamento

Muitas pessoas, às vezes, pensam em financiar um imóvel no prazo de 15 anos, mas têm dúvidas se vale a pena esticar este período por mais cinco anos, mas ao fazer cálculos, o investidor perceberá pouca variação no valor das prestações. Portanto, é aconselhável optar pelos menores prazos possíveis, desde que compatíveis com a capacidade de pagamento.

Abaixo, o ensaio dos valores de parcelas, obtido de simulação no sistema *Price* a partir do site de uma das maiores imobiliárias do mercado, que tem parceria com um dos maiores bancos privados do país:

Valor da transação:	R$ 140.000,00		
Valor financiado:	R$ 100.000,00 (banco)		
Juros considerados:	12% ao ano		
Prazo de financiamento (anos):	15	20	25
Parcela inicial (R$)	1 200,00	1 101,00	1053,00

Como se pode notar, a diferença entre as parcelas não é relevante, comparados os prazos de períodos de cinco anos para se quitar totalmente um financiamento.

Consórcios de imóveis

O consórcio é uma forma de acesso à linha de crédito para aquisição de um bem móvel durável de maior valor, de imóvel ou até de serviços, amplamente adotado no mercado de veículos e imóveis. São pessoas, ou empresas, agrupadas aleatoriamente pelas empresas administradoras de consórcio, que podem ser bancos ou empresas de consórcio, controladas por grandes fabricantes de veículos (Honda, Chevrolet, Fiat) ou grupos empresariais (Rodobens, Porto Seguro). A finalidade primordial do grupo de consorciados é formar uma poupança em comum, através de pagamentos mensais dos consorciados, com o objetivo de comprar um bem de valor pré-determinado. A administradora do consórcio fará jus a uma taxa de administração, determinando ainda alguns valores de previsão de fundo de reserva e prêmios de seguros. Não são cobrados juros nesta modalidade, pois é um plano de autofinanciamento.

Nesta modalidade, aqueles que investem em imóveis não pagam juros nas parcelas e contam com custos iniciais menores do que os de financiamentos. Quem estiver pagando aluguel e for contemplado no sorteio, logo nos meses iniciais do consórcio, pode fazer bom negócio, pois receberá uma carta de crédito emitido pela entidade administradora, que lhe permitirá comprar um imóvel em condições equivalentes à vista, propiciando assim, uma possível negociação vantajosa com a incorporadora. Neste caso, a pessoa irá se livrar do aluguel e dos juros de financiamento, arcando apenas com as taxas da administradora do consórcio e as provisões.

A possibilidade de ser sorteado depende da sorte do investidor. Há consórcios de imóveis com parcelamento de até 180 meses. O investidor precisa observar com atenção o perfil das administradoras. O Banco Central monitora as companhias, mas não fornece garantias aos seus clientes. O investidor que possuir uma carta de crédito ou de compra emitida pela administradora, adquirida via lance (valor espontâneo oferecido pelo consorciado na data da assembleia destes), ou contemplado por sorteio, poderá usá-la num imóvel pronto ou em planta (a legislação permite imóvel em planta), desde que oferecida alguma forma de garantia para o grupo e obtenha a anuência da empresa administradora, pois o bem ficará ainda alienado até a efetiva quitação de todas as parcelas do consórcio. Com a estabilidade da economia e com maior facilidade de obtenção de financiamento, os consórcios de imóveis tendem a diminuir pois não permitem ter uma visibilidade de quando o consorciado poderá ter efetivo acesso ao crédito.

Leilões judiciais ou hastas públicas

Esta modalidade de aquisição consiste na compra de bens penhorados ou confiscados pela Justiça, autorizada pelas autoridades, bens levados a leilão judicial, ou extrajudicialmente, por meio de oferta presencial ou eletrônica. Busca-se a venda de bens de um devedor para a satisfação de pagamento de uma execução. É possível realizar bons negócios em leilões, no entanto, antes do leilão e de fazer lances, os interessados precisam verificar a situação do imóvel perante a Justiça, suas referências e estado de conservação, as pendências existentes e as condições de venda (pode existir um morador e caberá ao vencedor do leilão se responsabilizar pela desocupação, por exemplo). Nunca se deve fechar um negócio sem conhecer pessoalmente o bem, entender o estado do imóvel (se reformas ou reparos significativos serão necessários).

Geralmente, o preço mínimo no leilão está relacionado à avaliação realizada do imóvel por perito ou ao prejuízo que o credor da dívida está disposto a realizar na sua contabilidade *versus* o valor do processo judicial, levando o bem a leilão, para assim recuperar, em parte, seus direitos. Dessa forma, o lance mínimo pode ser inferior ao valor de mercado do bem, mas, mesmo assim, poderá não ter interessados ao preço mínimo, levando assim a outro leilão, em nova data, a qualquer preço. Eventualmente, o investidor pode se deparar com alguma pechincha.

De qualquer maneira, as pessoas devem ficar atentas quando se depararem com imóveis leiloados, com preços muito baixos. Nesses casos, o que parece ser uma grande oportunidade, pode estar escondendo pendências judiciais, impostos municipais que ainda deverão ser quitados, ou outra situação irregular. Leilões podem ser anulados. O proprietário do imóvel terá prazo ainda para recorrer após a sua realização.

Arrematantes que adquirem imóveis em leilões devem pagar 5% de comissão ao leiloeiro, Taxa de Registro (RG) e Imposto de Transmissão de Bens Intervivos (ITBI), além do imposto municipal de 2%, ao transferir o imóvel para o seu nome. Ao se interessar por um imóvel colocado em um leilão, através de notícia pública (anúncio em jornais ou diários oficiais, divulgações dos cartórios judiciais, sites de internet), o investidor precisa se certificar de que a penhora está devidamente registrada no documento de matrícula do imóvel. O investidor pode se defrontar com o antigo proprietário, com um recurso obtido na justiça, após o leilão, cancelando a carta de arrematação, e acabar com um bem impenhorável. E, claro, o investidor deve, também, observar toda documentação do imóvel como se o estivesse adquirindo de um terceiro.

Dívidas trabalhistas podem gerar leilões de bens dos sócios de empresas. Nessas ocasiões, é possível adquiri-los com preços abaixo do mercado. A justiça, em primeira instância, determina o valor do imóvel a partir de sua avaliação. Caso não surja interessado, o bem tem seu preço balizado pelo valor da dívida, com deságio avaliado. Na prática, o investidor tem de concorrer com os especialistas em leilão, gente que frequenta com assiduidade, totalmente familiarizados com as práticas. Nesse meio há muitos meandros nebulosos, por exemplo, conchavos de investidores. Leilão é para profissionais, mas há possibilidade de se encontrar bons negócios nesse universo. É essencial pesquisar e levantar informações, estar totalmente ciente até qual limite valerá a pena a aquisição, e estar assistido por um advogado com sólido conhecimento dessa prática processual.

Hipoteca

O mercado de hipoteca envolve pessoas que tenham imóveis, geralmente livres e desalienados, colocando-os como garantia real para um credor, decorrente de uma operação de crédito. A hipoteca de um imóvel é realizada através de escritura pública e levada a registro perante o Cartório de Registro de Imóveis para publicação, e assim, ter eficaz valor legal, principalmente para proteção do credor. Este poderá tomar o bem via execução judicial ou extrajudicial, caso o devedor torne-se inadimplente. Ao não honrar compromissos assumidos, poderá perder o imóvel, dado em hipoteca, sofrendo uma ação judicial de execução de cobrança, ou mesmo, sofrer perda imediata da propriedade, dependendo das cláusulas contratuais firmadas na hipoteca. Poderá voluntariamente entregar o imóvel hipotecado a favor do credor, em ato de dação de pagamento, na tentativa de quitação da sua dívida. A hipoteca executada e paga, não necessariamente cobrirá as dívidas existentes, podendo o devedor ainda vir a sofrer outras formas de cobranças.

A hipoteca é uma forma de oferecer garantia real, e levantar recursos financeiros ou linhas de crédito, para, por exemplo, capitalizar empresas, ou obter alguma forma de crédito perante o fornecedor. A hipoteca perdeu espaço para o sistema de alienação fiduciária, que é uma forma mais ágil do credor tomar o imóvel hipotecado.

Capítulo VI – A venda de imóveis

A venda de um imóvel, novo ou usado, pode ser decorrente dos mais distintos motivos, desde a obtenção de lucro por um investimento realizado, para se aproveitar de um momento de alta demanda mercadológica, devido ao aquecimento da economia, tanto para levantar levantar liquidez e investir em outras aplicações, para mudar de posição quanto ao imóvel em si (mudar de um grande apartamento para outros menores, de um imóvel residencial para um comercial, ou para guardar uma parte do valor da venda, ou colocar um aporte adicional em dinheiro, para se adquirir outro imóvel de maior valor), para partilhar entre os coproprietários o crédito apurado. Enfim, por motivos incontáveis, cada proprietário terá a sua conveniência e necessidade. Sempre tem aqueles que gostam de comprar e não gostam de vender, mas as circunstâncias, positivas ou compulsórias, tem que ser bem analisadas e a decisão de venda tomada de forma madura, para se maximizar o resultado da venda.

O maior ou menor sucesso na venda depende da condição do imóvel em si, quanto à sua manutenção, localização, demanda mercadológica, e assim influenciar a determinação do preço e condições de pagamento. Naturalmente, na venda de um imóvel que tenha alta liquidez, pode ser pleiteado pagamentos praticamente à vista, pois não faltarão candidatos para a compra. Outros, sem liquidez, por características pouco atraentes, ou excesso de ofertas de produtos similares na região, terá, necessariamente, que oferecer condições diferenciadas no preço e de pagamento, para que a transação se realize.

Não adianta definir preços fora da média, que o imóvel não terá atratividade. Não se iluda achando que receberá propostas e poderá, no momento da oferta, negociar. O valor fora de realidade limitará, desde o início do processo, o número de interessados. O preço tem que ter atrativo, de mercado, uma vez que o imóvel é disponibilizado para venda.

Uma forma de definir o preço é buscar informação de imóveis similares na redondeza. Por quanto, em que condições e quando foram vendidos os últimos apartamentos no mesmo edifício? Geralmente, o zelador terá essas informações e serão parâmetros para a definição de preço. Mas é essencial fazer uma análise comparativa: o imóvel, anteriormente vendido, estava em boa condição de manutenção? E os armários, pisos, pintura, esquadrias? Precisava de reforma? Bastaria uma nova pintura e seria ocupado quase de imediato? A documentação estava em ordem ou o proprietário estava em dificuldades e necessitava urgentemente vender seu imóvel, para sanar pendências financeiras? São condições circunstanciais que afetam a definição do preço.

Obtenha, através de pesquisas na região, ou nos sites de buscas, ou de imobiliárias, preços de imóveis similares, para assim ter um entendimento claro do valor do seu, converse com vizinhos, com outros proprietários. Dali adiante, você saberá as suas próprias condições, sua necessidade ou urgência de realizar a venda, poderá definir o preço e colocar, ou não, um fator diferencial para a venda.

Ocasionalmente, surgem momentos de demanda elevada por terrenos para o lançamento de novos empreendimentos imobiliários, mas esses momentos costumam ser passageiros. Você pode ter um sobrado numa quadra entre os dos outros vizinhos, onde uma incorporadora tem interesse para a formação de uma área única e, ali, realizar um empreendimento. Assim, seu imóvel, mais especificamente, o seu terreno, pois o sobrado em si será derrubado, poderá ter um preço momentaneamente elevado. Entretanto, caso você dificulte muito a negociação, a incorporadora poderá alterar o projeto pretendido e desistir do seu terreno, excluindo-o do processo de compra. Dessa forma, perdeu-se o momento mágico e, ao contrário, a imobilização levará como passo seguinte a depreciação do imóvel, pois pode acontecer de seu terreno ficar, futuramente, impossibilitado para a finalidade de incorporação e ser afetado pelo decorrer das obras ou depreciado pelo prédio que será ali erguido.

Vale a pena contar com a assistência de uma imobiliária para trabalhar a venda do imóvel, mesmo pagando um comissionamento, que poderá ser negociado entre as partes, até o limite de 6%. A imobiliária tratará de divulgar e filtrar, primeiramente, os potenciais interessados, assim como propiciará maior segurança se o imóvel ainda estiver em uso, colocando alguma forma de seleção prévia no agendamento de visitas. Ela levanta o perfil do seu cliente e selecionará os imóveis mais adequados para seus objetivos e capacidade financeira. Servirá, também, de anteparo, evitando que negociações mais passionais possam afetar negativamente o processo de venda. Há proprietários que se sentem ofendidos ao receberem propostas abaixo do pleiteado, isso não deve ocorrer, encare a proposta recebida de forma positiva, o potencial cliente já sinalizou a sua intenção de compra e abriu espaço para o início de uma negociação, que será assessorada pelo corretor imobiliário, figura intermediária entre as duas partes.

Coloque o imóvel à venda mediante condição de exclusividade, por um período de 90 a 120 dias (as imobiliárias geralmente solicitam prazo de 120 dias), desde que feita a análise do perfil da imobiliária, e que ela seja idônea e tenha plenas condições para divulgar e promover a venda do seu imóvel. Se eventualmente houver interesse de outras durante o período da exclusividade, elas saberão compor seus interesses e dividirão o comissionamento entre elas; não há que se preocupar, se oportunidades serão perdidas ou terá que pagar comissão em duplicidade, somente deixe claro, perante as partes, que determinada imobiliária tem exclusividade de vendas durante um período e forneça o nome do profissional responsável para contato. Não adianta usar uma imobiliária focada em terrenos industriais, para vender um sobrado num bairro residencial, seus recursos e funcionários não serão adequados para a tal tarefa. Da mesma forma, não contrate uma boa imobiliária de bairro para promover a venda de um lote rural, nada ocorrerá.

O vendedor, naturalmente, quer receber, no menor prazo de tempo e integralmente, em moeda corrente, o comprador, de sua parte, quer maximizar seus recursos e alongar o prazo, até propondo colocar outros imóveis ou bens como parte de pagamento. Aí entra o aspecto da liquidez do imóvel e a sua facilidade de venda, onde serão negociadas e estabelecidas as condições. O comprador pode propor parte de pagamento em permuta, ou seja, pagar parte do preço através de outro imóvel de menor valor. Nesse caso, vale o interesse ou não do vendedor em analisar a proposta e receber esta parte, levando-se em consideração o preço designado para o imóvel.

Uma vez negociado, será parcelado em comum acordo, definindo-se um fluxo financeiro, com as devidas compensações, ao longo do tempo. A quitação integral poderá ocorrer em algumas semanas, meses ou até anos (no caso de financiamento bancário). Em pagamento realizado a curto prazo, será difícil se imputar alguma correção monetária, entretanto, para prazos maiores, certamente as partes devem definir a adoção de um índice financeiro, definido por entidade de credibilidade, tal qual a FGV (Fundação Getúlio Vargas), para compensar a perda. Na negociação, também deverá ser acordado sobre quando o imóvel será entregue, quando a escritura definitiva de venda será outorgada, ou até que tipo de garantia será exigida pelo vendedor em contrapartida ao financiamento estabelecido e a disponibilização do imóvel.

Capítulo VII – Cuidados legais

Neste capítulo não vamos apresentar uma compêndio jurídico, mas destacar os caminhos para realizar investimentos imobiliários com segurança.

O primeiro passo a ser tomado por aqueles que desejam investir em imóveis, é consultar um advogado com experiência nos aspectos cíveis e imobiliários, antes de fechar um negócio. As pessoas não podem acreditar que sabem tudo. Mesmo que não conheçam um profissional experiente no setor imobiliário, precisam, ao menos, contar com um advogado bem referendado. Quem vai adquirir um imóvel não pode assinar qualquer coisa, pois é um investimento totalmente significativo e um marco na vida. Investidores precisam adotar alguns procedimentos para conseguir fechar um negócio com segurança. Antes de qualquer compromisso firmado ou pagamento, peça documentos e tire referências. Considere que nesta situação, é melhor deixar de ganhar do que perder as reservas financeiras tão arduamente construídas. Documentalmente, é muito fácil uma transação imobiliária se tornar um imbróglio jurídico de anos, se as precauções contratuais não forem devidamente tomadas. Lembre-se que ao adquirir um imóvel, o mais recente comprador poderá sofrer uma sequência de ato jurídico, decorrente do antigo proprietário, vindo a assumir antigas dívidas, como de tributos municipais, ou até de condomínio.

Compra de imóvel na planta

As empresas que negociam imóveis na planta precisam ter o terreno, onde estará localizado o empreendimento, escriturado em seu nome, devidamente registrado sob o número de matrícula, no Cartório de Registro de Imóveis. Esse terreno poderá, entretanto, estar em garantia perante o banco que financiará a obra por meio de hipoteca do próprio terreno e alienação fiduciária dos recebíveis das vendas, das unidades imobiliárias, que compõem o empreendimento.

O projeto de cada empreendimento tem de ser aprovado pela prefeitura, assim como por outros órgãos estaduais e até federais (ex.: o Comando Aéreo tem que aprovar construções em terreno considerados em rotas de aviões ou de helicópteros, com limitação de altura), e ter vários desses documentos devidamente registrados no Cartório de Registro de Imóveis, inclusive Convenção de Condomínio (regulamento que regerá o relacionamento e as normas entre os futuros condôminos) e Memorial Descritivo. Caberá a todos os órgãos fiscalizadores a análise técnica e documental.

Antes de lançar um novo empreendimento, as companhias apresentam, perante os órgãos fiscalizadores, todas as certidões de propriedade, fiscais, previdenciárias e aprovações dos projetos, necessárias para comprovar que não possuem impedimentos jurídicos. Caberá ao Cartório de Registro de Imóveis ser o depositário de toda a documentação pertinente à incorporação, tornando-a de caráter pública, ou seja, acessível para consulta no seu horário normal de expediente. Toda vez em que uma empresa consegue registrar o memorial de incorporação de um empreendimento, comprova que está com sua situação em ordem e apta a iniciar a venda das unidades.

Normalmente, as companhias exibem, ou podem disponibilizar, mediante maior intenção de compra do potencial comprador, toda documentação que comprova a legalidade do empreendimento, no *stand* de vendas. O cliente acaba firmando uma proposta de compra, para depois consultar um advogado da sua parte. Muitas vezes, acaba somente usando a assistência jurídica da imobiliária, ou da incorporadora. A documentação regularizada atesta que o empreendimento está totalmente liberado para ser negociado. Ela aponta, também, detalhes do imóvel que está registrado no memorial descritivo: quantidade de apartamentos, tamanho de área útil e total de vagas de garagem, entre outras informações totalmente relevantes.

Para o início efetivo das vendas, a incorporadora deverá ter o registro de incorporação do empreendimento, dado pelo Cartório de Registro de Imóveis. Ocorre das incorporadoras realizarem campanha publicitária, ou abrirem *stand* antes da data de início de vendas. Nesse caso, atente que o anúncio tem somente fim informativo, destinado a vendas futuras, podendo os corretores somente anotarem os contatos de potenciais compradores, para voltarem a conversar na liberação formal de vendas, mas, até lá, não recebem proposta, nem valores.

O investidor deve comparar as informações presentes nos prospectos e anúncios com a planta aprovada pela prefeitura, e com o memorial descritivo da edificação, registrados em cartório. Se desejar, pode verificar quem são os profissionais responsáveis pelo empreendimento. Para isso, faça uma pesquisa no Conselho Regional de Engenharia e Arquitetura (CREA). Veja também a existência, ou quantidade de reclamações protocoladas no órgão de proteção e defesa do consumidor, Procon, em nome da incorporadora ou outras entidades envolvidas. Tendo as grandes incorporadoras aberto seu capital, tornando-se empresas S.A. – Sociedades Anônimas –, com ações negociadas em bolsa de valores, é muito acessível, também, a obtenção de informações sobre a saúde financeira no site da Bolsa de Valores.

O investidor deve avaliar se a minuta do contrato fala em tolerância. Algumas empresas procuram, legitimamente, se proteger de algumas situações que podem impedir o sucesso de vendas de um empreendimento. Por exemplo, caso uma quantidade mínima de unidades não seja vendida num prazo máximo de 180 dias do registro, ou ocorra um fato grave que repercuta na economia. Diante dessas possibilidades, a empresa pode ter a prerrogativa de não realizar o empreendimento e simplesmente devolver os valores até então recebidos.

As pessoas precisam tomar conhecimento de tudo relacionado ao negócio de seu interesse. Os investidores devem ler todas as informações, mesmo que estejam acompanhados por um advogado. Termos jurídicos têm de ser "traduzidos"; na dúvida, pergunte. Nunca se deve assinar um contrato sem antes ter a plena compreensão das informações que ele traz. O comprador deve guardar os anúncios veiculados com a oferta da venda, em relação aos compromissos anunciados pelos vendedores. Na proposta de compra (antes de recebimento do contrato oficial), deve solicitar que apontem, por escrito, as promessas ou informações que considerar relevantes, principalmente em relação a área, localização do imóvel da transação, as vagas de garagem, os prazos previstos para entrega.

Construtoras e incorporadoras devem sempre comprovar aos interessados em comprar um imóvel na planta ou em construção:

- RI (Registro de Incorporação do empreendimento) e arquivamento da documentação exigida por lei junto ao Cartório de Registro de Imóveis que tem competência pela localização geográfica do empreendimento;
- Existência do terreno no qual será construído o edifício, apontando sua identificação e localização;
- Nome do proprietário ou do titular do terreno (normalmente é o próprio incorporador);

- Divisão do terreno, contando com as frações ideais correspondentes às unidades autônomas e a do cálculo das áreas privativa, comum e total;
- No caso de loteamento, devem apresentar, também, o memorial do loteamento registrado no RI, com todos os projetos aprovados nos órgãos competentes
- Projeto de construção do edifício, elaborado, assinado e sob a responsabilidade de técnico inscrito no CREA, aprovado pela prefeitura e com alvará de construção;
- Detalhes do acabamento do prédio e de cada unidade autônoma.

Contrato de compra de unidade na planta

Todas as páginas do contrato precisam ser rubricadas. A assinatura do documento deve ser efetivada na presença de duas testemunhas, maiores e qualificadas, e pelo vendedor. Uma via do contrato tem de ficar com o investidor, que, em seguida, deve levá-lo, para maior segurança, para ser registrado em um Cartório de Registro de Imóveis competente. O compromisso de venda e compra pode ser realizado através de instrumento particular ou público, ou seja, através de escritura lavrada por um escrevente de Tabelionato ou Cartório de Notas. No caso de aquisição com financiamento bancário, o contrato (de alienação fiduciária), com força de escritura ou documento público, também deve ser levado a registro. De qualquer forma, antes de assiná-lo, os investidores devem se certificar se as cláusulas são as mesmas da proposta de compra. No documento deve constar:

- Prazo de início e de entrega da obra (incluindo valor de multa por atraso);
- Valor total do imóvel e condições de pagamento ou de financiamento;
- Dados do incorporador e qualificação de seus representantes;
- Índice e periodicidade de reajuste, formas de correção do saldo e das prestações;
- Local de pagamento;
- Valor do sinal (entrada);
- Penalidades no atraso de pagamento de parcelas;
- Localização e características do imóvel transacionado;
- Metragem total (área privativa + área comum + área de garagem);
- Memorial Descritivo com todas as informações de acabamento pertinentes ao imóvel, quando este estiver pronto;
- Número de vagas de estacionamento.

Cuidados adicionais com o contrato de imóvel na planta

Vale lembrar que os investidores devem observar se o contrato cita prazo de carência, período em que o incorporador poderá desistir do empreendimento (Artigo 34 da Lei 4.591/64, que dispõe sobre Condomínio, Edificações e as Incorporações Imobiliárias). Outras recomendações: verificar quais são os valores que devem ser pagos na entrega das chaves e os casos possíveis de rescisão. Neste último, o investidor tem que ficar atento às condições para devolução dos valores pagos, no caso de inadimplência. O investidor precisa ficar atento quanto ao agente financeiro que atuará no negócio, às condições e prazos de pagamento e à modalidade de correção das prestações.

A liberação de financiamento e a entrega das chaves estão condicionadas à expedição do Habite-se, documento que atesta a conclusão da obra e sua habitabilidade, emitido pela Prefeitura. O Código de Defesa do Consumidor estabelece que este pode desistir da compra, em um prazo de até sete dias, a contar de sua assinatura, recebendo os valores pagos integralmente de volta.

Não custa também consultar o Cadastro de Reclamações Fundamentadas, ou o Banco de Dados da Fundação Procon-SP, ou junto a agências similares de proteção a consumidores em outras regiões geográficas, onde é possível se constatar se há reclamações contra a empresa (incorporadora ou construtora).

COMPRA DE TERCEIROS OU USADOS

Quem vai investir na compra de imóveis de terceiros, ou já existentes, deve ter cuidados redobrados, pois, diferentemente de imóveis novos, em construção, com pouco histórico de vida, o usado pode ter sido objeto de várias situações e registros ao longo da sua existência, por exemplo, dado em garantia a um credor, executado judicialmente ou levado a penhora, ter cláusulas de impenhorabilidade, incomunicabilidade ou de inalienabilidade, ou a existência de usufruto vitalício, fatores que podem impedir a livre negociação ou transmissão do imóvel, além de carregar potenciais passivos decorrentes de casos diversos vivenciados pelo proprietário vendedor, ou mesmo proprietários anteriores. O investidor precisa verificar se a pessoa que está negociando o imóvel tem poderes para tal e pode faze-lo livremente. Deve observar se o proprietário do bem é pessoa física ou jurídica, se não há impedimentos de venda por dívidas, ou se o proprietário não tem problemas com a justiça. Em caso de fraude do vendedor ou se tiver dívidas anteriormente caracterizadas, o juiz pode cancelar a venda e o comprador perder os valores até então pagos.

Uma das vantagens de se comprar um imóvel pronto de um terceiro é a certeza de comprovar sua existência física, já avaliar sua real situação e fazer estimativas para reformas e consertos, e ter maior previsibilidade de recebimento e seu efetivo início de uso. Nesse caso, geralmente, o pagamento integral do valor se realizará num prazo muito menor, requerendo maior disponibilidade financeira, diferente de aquisição do imóvel em lançamento, a ser ainda construído, que permite prazos de 24 a 36 meses para quitação parcial, e depois complementar o saldo com financiamento, ou integralmente nesse período. Atualmente, com maior facilidade para obtenção de financiamentos imobiliários, pode se negociar com o vendedor do imóvel pronto ou usado para que ele aguarde de sessenta a noventa dias a liberação do valor financiado pelo banco. Claro que negociações são caso a caso, podendo, excepcionalmente, conseguir financiamento direto do vendedor quando são estabelecidos maiores prazos para pagamento do preço, permanecendo o imóvel ainda em nome do proprietário-vendedor até a efetiva quitação de todas as parcelas do preço. Nisso prevalece o interesse das partes, assim como a liquidez para venda do imóvel. O investidor precisa sempre ter a confirmação da existência e regularização jurídica do imóvel, verificando se o bem está registrado em cartório, e se está livre e desimpedido para ser alienado.

As empresas devem fornecer as informações abaixo, que também serão conferidas pelo tabelião do Cartório de Notas indicado para execução da Escritura de Venda e Compra, sendo que alguns desses documentos poderão também ser exigidos pelo Cartório de Registro de Imóveis:

- CND – Certidão Negativa de Débito Previdenciários e Tributários;
- Habite-se ou outros alvarás que comprovem a regularização do imóvel perante poder municipal;
- Registro do instrumento de instituição, especificação e convenção de condomínio;
- Certidão Vintenária (informa o histórico dos últimos 20 anos do imóvel, para verificar a existência de ônus, hipotecas, penhoras, pendência judicial, titularidade, etc.);
- Certidões negativas de débito relativo ao IPTU;
- Certidões negativas dos cartórios de protesto da cidade onde o proprietário reside e mesmo da cidade ou comarca onde se localiza o imóvel;
- Certidões dos distribuidores cível, execuções fiscais e federal.

Os investidores devem ainda solicitar a declaração negativa de dívida condominial ao síndico do condomínio e outra, do vendedor de não estar na condição de empregador e de que não se acha abrangido pelas restrições da Lei Orgânica da Previdência Social e do Funrural nos imóveis urbanos (pessoa física). Outras precauções são informar-se sobre a existência de projeto de desapropriação da área pelo poder público e se a metragem constante da escritura é a mesma descrita no carnê do IPTU. No caso de opção por financiamento para adquirir o imóvel, os investidores precisam verificar as condições de liberação ou transferência do financiamento existente junto ao agente financeiro.

O levantamento de alguns documentos citados implica em custos. Geralmente é obrigação do proprietário-vendedor apresentá-los ao comprador.

Contrato de compra de imóvel de terceiros

Os investidores devem observar se no contrato há todas as informações fornecidas pelo vendedor, entre elas, as condições previstas para eventual rescisão e a data da escritura. O documento precisa apresentar:

- Dados pessoais do proprietário e do comprador (RG, CPF, estado civil, existência de pacto antenupcial);
- Descrição do imóvel, com alusão ao seu número de matrícula ou de Transcrição junto ao Cartório de Registro de Imóveis, bem como o número de Inscrição Municipal;
- Preço ou valor total do bem trasacionado;
- Forma e local de pagamento;
- Índice e periodicidade de reajuste, se aplicável;
- Valor da entrada, datas de vencimento das parcelas seguintes, multas, condições para efetivação das parcelas de pagamento;
- Existência de financiamento;
- Prazo para entrega, pelo vendedor, de lista de documentação totalmente discriminada;
- Prazo para entrega do imóvel, vazio de coisas e pessoas, ou entendimentos especiais entre as partes;
- Previsão para entregas das chaves e imissão de posse (provisória ou definitiva);
- Eventuais ressalvas de conhecimento e concordância das partes contraentes.

O contrato da compra de imóvel de terceiros precisa estar datado. Ele só pode ser assinado na presença de duas testemunhas qualificadas e do vendedor. O investidor deve ficar, na ocasião da assinatura do documento, com uma via, e providenciar o imediato reconhecimento das assinaturas no Cartório de Notas. Assim que a dívida for quitada, solicitar a lavratura da escritura definitiva e seu imediato registro no cartório de registro de imóveis.

Compra de imóvel à vista e a prazo

A efetivação de compra à vista de um bem deve, para segurança do comprador, ocorrer através de escritura pública, lavrada perante um Tabelião de Notas, que poderá ser livremente designado pelo comprador, em qualquer comarca do país (o Cartório de Registro de Imóveis é um só, aquele que tem a competência territorial sobre a localização do imóvel). A redação deste instrumento somente ocorrerá se o tabelião receber toda documentação do imóvel negociado, principalmente aquela relacionada aos tributos, como Imposto Predial e Territorial Urbano (IPTU), pagamento de Imposto de Transmissão de Bens Imóveis Inter Vivos (ITBI) e de encargos relativos ao bem, entre eles, o Laudêmio quando houver. Este último refere-se a um imposto federal obrigatório, cobrado em caso de negociação de imóveis localizados em terrenos à beira-mar, ou quando é originário da Coroa. Redigida a escritura e efetuado o pagamento, a propriedade é transferida ao comprador, que deve registrar a escritura pública de compra e venda no Cartório de Registro de Imóveis competente. De fato, qualquer ato de compra de imóvel pode e deveria ser realizado através de Tabelião de Notas, em vez de um contrato particular, para maior credibilidade e segurança das partes.

Quem compra um imóvel de forma parcelada, receberá a escritura definitiva somente após o término de pagamento. Nesta modalidade de negociação elabora-se um contrato de promessa (compromisso) de compra e venda. Neste instrumento, devem constar as condições de preço, prazo e as cláusulas pertinentes a efetivação do negócio. O compromisso deve ser encaminhado ao Cartório de Registro de Imóveis para que ocorra uma averbação do documento.

Os Artigos 1.417 e 1.418 do Código Civil abordam a forma de negociação de promessa de compra e venda.

- Artigo 1.417 – Mediante promessa de compra e venda, em que se não pactuou arrependimento, celebrada por instrumento público ou particular, e registrada no Cartório de Registro de Imóveis, adquire o promitente comprador direito real à aquisição do imóvel.

- Artigo 1.418 – O promitente comprador, titular de direito real, pode exigir do promitente vendedor, ou de terceiros, a quem os direitos deste forem cedidos, a outorga da escritura definitiva de compra e venda, conforme o disposto no instrumento preliminar; e, se houver recusa, requerer a um juiz a adjudicação do imóvel.

Investidores inseridos nesta modalidade de negociação imobiliária precisam verificar se o bem de seu interesse pode ser legalmente vendido, se não há nenhuma decisão judicial que o torne indisponível, se ele não se encontra penhorado ou tenha qualquer forma de restrição que impeça a sua venda. Outro cuidado é verificar se os pagamentos de água, luz, IPTU e outros tributos municipais e de taxa de condomínio (se houver) estão em dia.

Patrimônio de Afetação

As Leis 4591 e 10.931, que dispõem sobre o Patrimônio de Afetação de incorporações imobiliárias, deram mais tranquilidade aos investidores de imóveis.

Hoje, imóveis negociados na planta contam com Patrimônio de Afetação. Na prática, nenhum banco concede financiamento para construção da obra, se a construtora não utilizar este mecanismo na cláusula contratual. Sua aplicação é muito simples. Cada empreendimento conta com um patrimônio das receitas de vendas realizadas, que vão garantir os recursos necessários para sua execução. Na prática, as companhias utilizam uma única conta de banco para cada empreendimento. O dinheiro depositado para um empreendimento não pode ser destinado a outro, nem para o caixa da própria empresa executora da obra, exceto nas condições previstas pela lei.

A comissão de futuros moradores, eleita em assembleia, convocada pela construtora, audita a conta. São os membros desse grupo que recebem, a cada três meses, o balanço financeiro do projeto. Este material também informa o andamento do cronograma da obra e dados sobre fluxo de caixa. Munidos de informações, o grupo pode cobrar providências da construtora, caso encontre inconsistências. É fundamental que as pessoas escolhidas para representar os futuros moradores sejam capazes de avaliar os balanços e identificar irregularidades. O ideal é que cada comissão conte com advogados, contadores e engenheiros. Para saber se um imóvel conta com Patrimônio de Afetação, basta consultar a matrícula do empreendimento no respectivo Cartório de Registro de Imóveis.

Compra de loteamentos e terrenos

O investidor precisa verificar se o imóvel de seu interesse consta na planta aprovada pela prefeitura e se o loteamento tem a sua documentação devidamente registrada no Cartório de Registro de Imóveis competente.

Deve pesquisar, também, se a área a ser adquirida não é decretada de utilidade pública, ou de interesse social, situações que podem gerar desapropriação, ou mesmo, vir a ser tombada. Essa informação pode ser obtida na prefeitura, muitas vezes ela já tem planos de zoneamento e de expansão definidos, onde apontam os locais que sofrerão intervenção do município ou mesmo do Estado, como o caso de futura expansão de linhas de metrô. Em seguida, deve observar toda infraestrutura local (água, luz, demarcação de lotes, presença de ruas, guias-sarjetas), se já foi realizada ou se está em processo de implantação. Verificar se o lote está claramente com seus limites demarcados, se há clinografia acentuada, o posicionamento do terreno em relação ao nascer do sol, regulamentos da loteadora para construções (é de praxe que a empresa também dê anuência prévia ao projeto pretendido, antes do mesmo ser submetido à aprovação do poder municipal). O regulamento do loteamento pode até ser mais restritivo que o da prefeitura, mas terá que ser obedecido.

Outras precauções: verificar se o imóvel está localizado em área de proteção de mananciais, legalmente protegidas, como nascentes, represas, rios, etc. Por mais atrativo que possa ser um negócio, o investidor pode se defrontar com um bem que apresente restrições quanto ao seu pleno uso, encontrando limitação para a obra pretendida, inviabilizando seus planos.

No processo de aprovação de um loteamento já estão designadas áreas destinadas a usos institucionais, de proteção a área verde, fontes de água, lagos, recuos mínimos de rios e córregos, que não podem ser utilizadas pelo adquirente, sob nenhuma hipótese; assim como cada lote deve estar claramente delimitado por marcos visíveis e sua localização dentro da quadra e loteamento identificadas.

Modificação em apartamento em construção

As incorporadoras geralmente permitem que sejam feitas solicitações de alterações de plantas, se observadas as limitações técnicas, bem como de prazos.

Nesse caso, levará em conta o critério "crédito x débito", ou seja, o que o cliente teria de economia pela modificação e o que será adicionalmente agregado ao projeto, além de uma taxa administrativa pela alteração.

Em obras de maior vulto, chegará um momento em que o adquirente será convidado a escolher entre as opções de acabamentos. Passado este prazo, excepcionalmente, a incorporadora atenderá a pedidos de alteração. Caso o investidor deseje fazer uma modificação num apartamento durante a construção, como troca de piso ou retirada de uma parede, o prazo de entrega da unidade pode ser estendido.

Cobranças de condomínio

Quanto ao recebimento e início de pagamento condominial, o adquirente pode alegar que, pelo fato de não ter recebido as chaves, não é obrigado a pagar condomínio. No entanto, caso a assembleia de constituição de condomínio já tenha sido realizada, ele terá que arcar com este custo. Se houve falha construtiva que impeça o recebimento, a incorporadora deve se responsabilizar pela quota condominial e IPTU até feitos os reparos e convocado o cliente para recebimento das chaves, para então, o adquirente se responsabilizar pelos encargos.

Afinal, quando um empreendimento é finalizado, ocorre a contratação de funcionários do condomínio, a incorporadora retirará, gradativamente, seus funcionários, responsabilizando-se por uma transição segura. E quem será responsável pela remuneração dos funcionários do condomínio recém-constituído? Claro que são os condôminos. Casos como esse costumam gerar muitas discussões, os condôminos que alegam não estarem de acordo, que não receberam os avisos de cobrança, que a incorporadora falhou por este ou aquele motivo. Ele poderá ser responsabilizado pelo pagamento, passando a ser inadimplente perante o condomínio, que poderá tomar medidas administrativas ou judiciais para a cobrança, que por sua vez, poderá se defender da forma que considerar pertinente, inclusive indo contra a incorporadora. Por isso, é aconselhável observar se a minuta de contrato registra qual a obrigação do proprietário diante dessa situação. Normalmente, as empresas colocam no contrato que ao término da obras, as chaves estarão à disposição dos proprietários. Dessa forma, ninguém pode alegar que estava viajando ou que não pegou as chaves por outro motivo.

Capítulo VIII – Administração imobiliária

Todo proprietário que deseja vender ou alugar seu imóvel precisa deixá-lo em boas condições, antes de disponibilizá-lo para visitação de potenciais negociações. É fundamental que todo bem apresente bom aspecto. Tudo precisa estar em ordem: limpeza, pintura, pisos em bom estado, armários embutidos, aquecedor de água, sem problemas hidráulicos, nem de eletricidade. Esses cuidados propiciam a venda, ou locação do imóvel, e de seu aumento de liquidez.

Para que haja uma boa apresentação, é fundamental, ainda, que o imóvel esteja bem iluminado. Afinal, existe a possibilidade de potenciais compradores visitarem a unidade em dias de chuva ou nublados, e mesmo à noite. Assim, considere a necessidade de energia elétrica para visitas noturnas, muitas vezes solicitadas pelos interessados.

Algumas modificações também podem potencializar a venda ou a locação de um imóvel. Por exemplo, no caso de um apartamento, um proprietário pode quebrar a parede da sala para construir uma cozinha americana. Este tipo de espaço tem tudo a ver com a realidade de nossos dias, a qual as empregadas não costumam mais dormir no trabalho. Dessa forma, muitas pessoas podem preparar suas próprias refeições num ambiente integrado, recebendo amigos. Um apartamento com cozinha americana pode chamar a atenção de potenciais compradores ou locatários e tem boas chances de valorização. Afinal, hoje, muita gente gosta de cozinhar. Qualquer modificação em uma unidade que vise modernizá-la e ampliá-la deve ser vista com bons olhos.

Podemos citar outro exemplo de compatibilidade entre o modelo de imóvel com comportamento de determinado segmento da sociedade. Houve um caso de lançamento de um prédio, num tradicional bairro de São Paulo, onde vivem muitos descendentes de italianos, em que foram vendidas todas as unidades num final de semana. Os apartamentos tinham uma peculiaridade: as cozinhas tinham grande área. A empresa as fez assim, a partir de uma pesquisa que realizou antes da concepção do projeto e acertou, pois este público adora ficar reunido na cozinha, enquanto a refeição é preparada. Ou seja, o imóvel apresentou-se adequado a determinado aspecto cultural.

Em busca de um fiador

O investidor que deseja alugar o seu imóvel deve contratar os serviços de uma imobiliária ou administradora. Ao tomar esta iniciativa, inicialmente, as pessoas se livram de dois problemas: ter de anunciar o imóvel na mídia e de atender telefonemas de interessados. Muitas vezes, quem está por trás de uma ligação de consulta de locação é um corretor. No caso de proprietários de apartamentos, podem utilizar a própria administradora do condomínio para cuidar da locação de sua unidade, se ela tiver este serviço. Ter uma parte neutra numa negociação ou administração pode potencializar as oportunidades de negócios, bem como evitar embates diretos entre o proprietário e a outra parte interessada. Apesar de ser um custo, os benefícios proporcionados serão mais interessantes.

Hoje, os proprietários de imóveis se sentem mais seguros quando vão locar seus bens. Dois fatores lhes favorecem: a tecnologia e a legislação. A internet é uma ferramenta valiosa para avaliar o histórico de potenciais locadores. Na *web*, por exemplo, dá para se consultar facilmente, sem custo ou a um custo insignificante, se uma pessoa tem restrições na sua situação cadastral, títulos protestados ou mesmo, com processos judiciais. Atualmente, a legislação[1] protege o locador no instante em que ele deseja retomar seu bem por falta de pagamento.

Conseguir um fiador é uma questão delicada para qualquer locatário. Ninguém gosta de abordar este assunto com um parente ou amigo. No entanto, há alternativas para resolver esta questão. Vamos definir cada uma das possibilidades de fiança de aluguel:

Fiador – O locador poderá exigir que o locatário apresente uma terceira parte, na figura de fiador do contrato. Ele assinará, com co-responsabilidade pelo pagamento dos aluguéis, custos de reparos, despesas condominiais, tributos municipais e outros, até a efetiva devolução do imóvel, nas condições aceitáveis pelo locador, podendo ser cobrado administrativo-judicialmente, independentemente da ordem de cobrança, ou seja, mesmo antes de se acionar cobrança contra o locatário, o fiador poderá ser acionado primeiramente.

---

[1] Para mais informações, consulte a Lei do Inquilinato (Lei 12112) em: http://www.planalto.gov.br/ccivil_03/_Ato2007-2010/2009/Lei/L12112.htm

Além da situação cadastral de praxe, terá que comprovar capacidade de rendimento, bem como apresentar um imóvel livre de ônus no município de competência do contrato, além daquele onde vive, que poderá vir a ser objeto de ação de cobrança. Ou seja, o fiador se torna tão responsável quanto o próprio locador pela boa manutenção e pagamento do valor locativo, despesas e taxas inerentes, até a efetiva devolução do imóvel e encerramento contratual.

Seguro Fiança para Locação – Em contratos de locação, o locatário poderá recorrer a bancos ou empresas de seguros para que seja emitida uma apólice de seguro de fiança, ou seja, o banco ou a seguradora se responsabilizará pelo pagamento dos valores em atraso e pelo reparo, caso haja infração contratual pelo locatário. A questão é que os bancos ou seguradoras fazem previamente uma análise cadastral do interessado, e são bastante seletivos na escolha dos clientes. Se chegam a emitir tal apólice, ela geralmente tem validade de seis a doze meses, sendo novamente emitida decorrido esse prazo. O locador terá que aceitar essa situação, que haja a renovação da apólice. Outro aspecto é quanto ao elevado custo da apólice, que varia de 5% a 10% do valor anual da locação, praticamente um aluguel a mais por ano, o que frequentemente inviabiliza a questão.

Depósito caução – a legislação permite que o locatário faça o depósito do valor equivalente a 03 parcelas de locação. Este valor é alocado numa conta-poupança, cujo saldo será usado para compensar eventuais atrasos ou reparos necessários no imóvel. Esse valor será liberado ao final da locação, se não houver as necessidades mencionadas. Na prática, esta possibilidade tem sido amplamente descartada pelos locadores, pois o valor equivalente a três aluguéis não se configura suficiente para proteger e compensar eventuais valores inadimplentes e disputas judiciais.

Os proprietários de imóveis precisam ficar atentos aos compromissos financeiros sob responsabilidade dos inquilinos. Um deles é o IPTU. É fácil verificar pela internet se um imóvel está em atraso, bastando entrar no site da prefeitura. Hoje, ninguém pode alegar que foi pego de surpresa, caso seu inquilino não tenha pago o IPTU de seu imóvel.

ESCOLHA DE ADMINISTRADORAS E IMOBILIÁRIAS

Inicialmente, vamos falar sobre a diferença entre as empresas administradoras e as imobiliárias.

As administradoras fazem a gestão dos condomínios: contratam pessoal, geram folha de pagamento, prestam contas, efetivam a cobrança das contribuições condominiais e pagamento dos encargos do condomínio, recolhem os tributos, contribuições fiscais e trabalhistas, calculam a previsão de despesas, entre outras atividades. Sua remuneração provém de determinado percentual sobre a arrecadação do condomínio, como remuneração pelos seus serviços ou mediante o pagamento de um valor fixo mensal.

No caso de apartamentos adquiridos na planta, a primeira administradora é geralmente indicada pela incorporadora e sua indicação ratificada, posteriormente, em assembleia. O síndico eleito poderá, a seu critério, optar por manter ou trocar a administradora.

No campo da administração condominial, existem empresas que possuem tradição e muitos clientes, no entanto, nada disso pode garantir que prestem bons serviços. Um dos caminhos para descobrir uma administradora imobiliária que trabalhe corretamente é, por exemplo, consultando seus clientes, síndicos de prédios. No caso de um apartamento adquirido na planta, o investidor pode pesquisar a atuação da administradora frente a outros empreendimentos, mas, muitas vezes, ele somente conhecerá a administradora no momento da assembleia de constituição do condomínio. Mais uma vez, na internet, é possível detectar se há reclamações, ou ainda, processos contra o serviço prestado pelas empresas.

As imobiliárias atuam na intermediação de compra, venda ou locação de imóveis, no qual sua remuneração se origina, a chamada comissão de corretagem.

Proprietários de imóveis que desejam alugar ou vender seus bens precisam observar o trabalho realizado pelas imobiliárias antes de contratá-las. Devem verificar em que mídias as empresas costumam anunciar e com que frequência. Depois de fechar contrato com uma companhia, é interessante prestar atenção nos perfis dos interessados em locar ou comprar o imóvel, para ver se a imobiliária está atraindo o público certo e se os anúncios estão sendo veiculados nos meios previamente determinados.

O investidor pode solicitar por escrito o plano de divulgação de uma imobiliária. Nele, a empresa precisa registrar onde anunciará e com que frequência.

Terceirização de mão de obra

Os condomínios estipulam a quantidade de pessoas necessárias para realizar as atividades de limpeza e vigilância, contratando, diretamente, seus funcionários, ou terceirizando esses serviços, pagando determinado valor às empresas que lhes fornecem mão de obra. No entanto, caso essas companhias não cumpram com as obrigações trabalhistas, os condomínios podem ser co-responsabilizados a arcar com o ônus de assumir pagamentos de direitos dos trabalhadores.

Diante dessa possibilidade, o síndico, ou administrador, precisa exigir, mensalmente, a apresentação de cópias das guias de recolhimento do FGTS e demais encargos, além do recibo de salário.

Na realidade, a terceirização de mão de obra em condomínios evoca prós e contras. Vamos a eles:

Prós

- Diminuição de riscos de reclamações trabalhistas, que podem gerar grandes prejuízos a um condomínio;
- Despreocupação com empregados faltosos, orientação sobre as funções a serem desempenhadas e toda a burocracia trabalhista;
- Disponibilidade de plantonistas (para cobrir faltas) e de folguistas (economia no pagamento de horas extras).

Contras

- Alta rotatividade de funcionários. Esta possibilidade pode gerar, entre outras consequências, falta de segurança no condomínio. É fundamental ter ciência da integridade moral dos profissionais. As empresas prestadoras de serviço se comprometem com isso, mas, na realidade, constata-se que seus funcionários não são selecionados de forma tão criteriosa como apregoa a empresa contratada, e nem passam pelos mínimos ciclos de treinamento antes de serem designados para o serviço no condomínio;
- O condomínio responde, solidariamente, por indenizações e direitos que não tenham sido pagos no período de fornecimento do serviço;
- Fornecimento de mão de obra má remunerada, consequentemente, desestimulada e descompromissada com a função designada;
- Falhas na cobertura de faltas e folgas.

Entretanto, há incontáveis casos de sucesso em terceirizações, com funcionários que permanecem por vários anos no condomínio.

Excesso de placas de venda na fachada de imóveis

Proprietários de imóveis não devem permitir que mais de uma imobiliária fixe uma placa de anúncio em seu bem. Isso deprecia demais qualquer imóvel.

As pessoas podem pensar que a unidade ofertada tem algum problema, ou que o proprietário está precisando urgentemente de dinheiro. Outro ponto: o excesso de empresas faz com que não se esforcem para, de fato, fecharem o negócio. Elas ficam apenas aguardando os telefonemas de interessados. Por que uma companhia iria investir em anúncios e mala-direta, se ela tem concorrência de outras empresas num mesmo negócio e não tem segurança do seu retorno de investimento?

Vale a pena dar exclusividade a uma determinada imobiliária? Acreditamos que sim, por um período de 90 a 120 dias, selecionando, porém, uma imobiliária que tenha comprovados recursos de divulgação (por exemplo, site em internet que funcione com eficácia), ou que tenha reconhecida atuação no bairro do imóvel, que forneça seu plano de divulgação por escrito para esse período que terá a exclusividade. Mesmo assim, as imobiliárias, hoje, sabem que é melhor dividir que não ganhar, ou seja, se uma outra tiver um cliente interessado no imóvel, ela poderá também trabalhar em conjunto com aquela que tem a exclusividade, e poderão compartilhar a comissão devida. Não há risco de se pagar a comissão de corretagem em duplicidade nem de se perder a oportunidade de negócio, se todas as partes estiverem bem intencionadas.

Inquilinos x proprietários

A aproximação do final do contrato de locação pode gerar incertezas na mente de um inquilino. Afinal, nada garante que o compromisso será renovado. Neste momento, o proprietário pode pedir o imóvel, sob o argumento de desejo de venda, oferecendo ao inquilino o direito de preferência. Outra possibilidade é solicitá-lo para acomodar um filho, por exemplo.

Nos contratos de locação residencial, com prazo igual ou superior a trinta meses, o proprietário tem o direito de solicitar a desocupação de seu imóvel, procedendo, unilateralmente, ao rompimento do contrato sem qualquer justificativa. O instrumento que rege este direito chama-se Denúncia Vazia.

Os inquilinos precisam entregar os imóveis no estado em que se encontravam antes de serem ocupados, permanecendo eventuais benfeitorias que tenham sido realizadas. O locador poderá, entretanto, optar por ter de volta o estado original da locação, sendo assim, necessário uma obra de readequação para trazê-lo de volta ao estado inicial. Como forma de garantia de reaver o bem em ordem, os proprietários devem fotografar e documentar suas unidades antes e depois de sua ocupação. É comum observar contratos com imagens de imóveis. Nesses casos, os locatários precisam rubricar estas páginas do contrato de locação.

Bons inquilinos merecem atenção dos proprietários de imóveis. Uma pessoa ou empresa que zela pela integridade de um bem e honre o pagamento de seu aluguel em dia, deve ser prestigiada. Nestes casos, vale a pena negociar uma renovação de contrato de locação. Claro que estes estímulos devem ser ponderados, não podem, nunca, extrapolar a realidade de mercado, afinal, um investidor precisa buscar resultados financeiros.

Somente imóveis bem cuidados têm potencial de locação em curto prazo, para gerar renda compatível com a realidade de mercado.

Atividade comercial do inquilino

Investidores devem separar aspectos contratuais da atividade comercial, da pessoa física ou jurídica, do aspirante a inquilino. A preocupação deve levar em conta as atividades que possam estragar o imóvel e outras que dificultem a retirada do inquilino. Este segundo caso aborda atividade de interesse social, como escolas e hospitais. É difícil um juiz dar ganho de causa a um proprietário de imóvel enquadrado neste caso. Fora isso, o mais importante é observar as garantias apresentadas pela pessoa. Não importa a área de atuação dele. Existem casos cujos inquilinos fazem benfeitorias nos imóveis, gerando valorização do bem.

Renda de aluguel x impostos

Nem todos os recursos provenientes da locação de imóveis ficam nas mãos de seus proprietários. Estes precisam pagar Imposto de Renda e ter em mente que é fundamental possuir uma reserva de recursos, para garantir a manutenção e os reparos de seus bens quando estiverem vazios. O Imposto de Renda a ser pago pelos locatários afere o percentual de até 27,5% do aluguel bruto, de acordo com a tabela do IRPF.

Os investidores que tenham alguns imóveis para locação conseguem pagar menos impostos, caso os coloquem numa carteira de "pessoa jurídica", ou seja, terem esses imóveis adquiridos ou transferidos para o nome de uma empresa sua, e, assim, em nome dela, realizar os contratos de locação. Vamos agora comparar os cenários de recebimento de aluguel e pagamento de impostos entre pessoa física e jurídica.

Exemplo de tributação de recebimento de aluguel no valor de 10 mil reais

- Pessoa física
  - Desconto IRPF: 1 993,47 reais;
  - Saldo (valor líquido do aluguel): 8 006,53 reais.

- Pessoa jurídica (com previsão no contrato social de locação de imóveis)
  - A tributação ocorre pelo lucro presumido;
  - 32% x 10 mil reais = 3 200 reais (base de cálculo para o IRPJ e CSLL);
  - IRPJ (4,8%): 480 reais.

Caso o faturamento (ou recebimento) com aluguéis supere 60 mil reais no trimestre, incorrerá um percentual adicional de 10% sob 3 200 reais, o que dá 320 reais.

  - CSLL (2,88% x 10 mil reais): 288 reais;
  - PIS (0,65% x 10 mil reais): 65 reais;
  - COFINS (3% x 10 mil reais): 300 reais;
  - Imposto: 1 133 reais ou, se houver adicional, o valor será 1 453 reais;
  - Saldo (valor líquido do aluguel): 8 867 reais ou 8 547 reais.

Portanto, para o investidor, o melhor negócio é colocar o imóvel na pessoa jurídica, com previsão no contrato social de locação de imóveis.

Capítulo IX – Guia passo a passo para o pequeno investidor de imóveis

Definir localização ideal, tamanho, preço, parcelas adequadas ao bolso, estágio da construção, número de vagas, planta do apartamento, lazer para crianças e adultos, segurança, insolação (face norte), frente, fundos.

1. Onde procurar anúncios de imóveis
   - Anúncio via internet;
   - Site das empresas vendedoras;
   - Site das incorporadoras (ver listagem dos maiores no site da Bolsa de Valores);
   - Anúncios em jornais e Secovi;
   - Revistas;
   - Anúncios em canais específicos da televisão;
   - Panfletos em restaurantes;
   - Placas no local.

2. Cuidados ao observar os anúncios
   - Checar as informações fornecidas quanto ao produto; área (m^2) útil; memorial descritivo; localização na torre; face de melhor insolação, número de vagas (cobertas ou descobertas); lazer; decoração dos *halls* térreos; equipamentos de ginástica; possíveis obstruções de vistas; vizinhança;
   - Verificar sempre a tabela de vendas com parcelas intermediárias. Cuidado com a ilusão da parcela mensal durante a construção, que pode ser bem menor do que a do financiamento após as chaves. Veja bem se pode assumir tal compromisso.

3. Perguntas que precisam ser feitas no *stand* de vendas
   - Normalmente o *stand* de vendas é o local onde o cliente fica encantado. Hoje, se apresentam, em quase todos os casos, apartamentos/casas com modelos decorados;
   - Examine bem a maquete, os painéis de vendas, plantas, fachadas, memorial descritivo do apartamento, etc.;
   - Prazos de entrega (tolerância);
   - Evite fechar negócio por impulso. Faça bem consciente, principalmente pelos compromissos financeiros assumidos.
4. Estudar a região
   - Veja pontos que são fundamentais para a valorização do imóvel; conheça a vizinhança, converse com os moradores, o zelador do prédio ao lado, converse com os taxistas do ponto da esquina.

4a) Residencial
   - Junto a parques;
   - Transporte fácil (metrô, monotrilho);
   - Escolas (que dê para ir a pé);
   - Supermercados de qualidade;
   - *Shopping center* e centros de conveniências;
   - Academias;
   - Ruas largas, arborizadas e calmas, sem barulho excessivo;
   - Não ter feira na porta;
   - Não ter casas noturnas na vizinhança;
   - Rota de avião.

4b) Comercial
   - Avenidas importantes;
   - Infraestrutura de transporte (metrô, terminal de ônibus, etc.);
   - Infraestrutura de alimentação e de serviços complementares.

5. Assessoria de advogado
   - Verificar registro do memorial da incorporação no Cartório de Registro de Imóveis, onde está arquivado e registrado o projeto aprovado pelos

órgãos competentes, convenção de condomínio e o memorial descritivo de todo empreendimento com áreas e número de apartamentos;
- Pedir a minuta de contrato para analisar as cláusulas com advogado experiente no assunto;
- Na compra de terceiros, cuidados redobrados na documentação.

6. Oportunidades para conseguir descontos e planejamento financeiro
   - Ver se a forma de pagamento da tabela de vendas cabe no orçamento, não onerando mais que 25% a 30% do rendimento familiar;
   - Valor das parcelas intermediárias, semestrais e anuais; índice de correção destas, mês-base de referência do contrato;
   - Valor das parcelas de chaves;
   - Prestação pós-chaves, financiamento bancário, ou direto com o incorporador, cuidado com o cálculo das prestações com juros, pois pelo prazo longo as parcelas podem aumentar muito;
   - Caso a renda familiar permita, é melhor fazer um financiamento no prazo mais curto porque o valor não altera muito;
   - Procure o menor prazo possível para pagar menos juros;
   - Parâmetros de descontos da taxa básica de juros (CDI);
   - Antecipar parcelas com prazo mais longo (ex. parcelas de chaves);
   - Se possível, pague à vista e negocie desconto;
   - Não deixe de fazer uma proposta, pois dependendo da necessidade do vendedor, e da política da empresa incorporadora no momento, ela pode ser aprovada;
   - Use o corretor para te ajudar no negócio;
   - Cuidado com "negócios da China" (galinha morta).

7. Como verificar idoneidade das companhias
   - Procure conhecer e visitar empreendimentos que as empresas já entregaram;
   - Veja a qualidade do empreendimento, detalhes do acabamento, prazos respeitados, satisfação dos clientes;
   - Procure se informar da situação da empresa, se for listada na BM&FBovespa, você pode obter informações a respeito na CVM (www.cvm.gov.br).

8. Tipos de imóveis que costumam ter mais liquidez e mais potencial de gerar renda de aluguel
   - Localização é fundamental;
   - Qualidade do produto (planta, empreendimento, acabamentos, etc.);
   - Quanto à fatia de mercado que o imóvel se enquadra, temos maior ou menor quantidade de compradores. No nosso caso, pequeno investidor, sugiro imóveis menores, tanto residenciais como comerciais, e com as características descritas no item 4.

Capítulo X – Investindo em imóveis na prática

Neste capítulo, por meio de perguntas e respostas, trazemos uma série de exemplos práticos que frequentemente escutamos de investidores.

1. Tenho 700 mil reais para investir em imóveis. Pensei em comprar duas pequenas salas comerciais na planta e, após o prédio ficar pronto, vendê-las. Seria um bom negócio?

   Pense primeiramente em locação e, posteriormente, em vendê-las, pois, se houver uma boa infraestrutura nas proximidades do prédio, há potencial de valorização para as suas salas a médio e longo prazo. Uma exceção seria, caso a região tivesse uma valorização substancial, valendo o imóvel, pelo menos, o dobro após um período de 36 meses (o tempo médio de construção de um novo prédio), você poderá cogitar vendê-las e, assim, apurar um bom lucro.

2. Desejo investir 400 mil reais em imóveis. Meu objetivo é comprar um ou mais imóveis com essa quantia e alugá-los durante cinco anos e depois vendê-los. É uma boa estratégia? Qual tipo de imóvel devo comprar?

   Sim, salas comerciais e unidades de condo-hotéis.

3. Há um terreno de 200 metros quadrados próximo de onde moro. O proprietário quer 300 mil reais por ele. Tenho esse dinheiro e pensei em comprá-lo, dividi-lo em dois terrenos, construir uma loja em um (estimo gastar 100 mil reais), em outro uma casa (estimo gastar 150 mil reais) e depois vendê-los. O que acham dessa estratégia?

   A não ser que você seja um profissional da área de construção civil, sugerimos não se arriscar em construções, pois é difícil hoje em dia prever custos de obras, principalmente de pequenos imóveis.

4. Estou com 40 anos e desejo ter uma renda mensal mínima de 10 mil reais com aluguéis aos 60 anos. Qual o valor que devo investir em imóveis, quantos devo comprar e de quais tipos?

   De 1 a 1,2 milhões de reais. Deve comprar entre 3 a 4 unidades de salas comerciais e condo-hotéis.

5. Eu ganho 15 mil reais por mês e quero começar a investir em imóveis. Consigo disponibilizar 3 mil reais mensalmente para esse fim. Por onde eu devo começar?

   Comprar uma sala comercial, uma unidade de condo-hotel ou um pequeno imóvel residencial para locação.

6. Tenho uma área de 10 mil metros quadrados a 5 quilômetros da entrada da cidade de Ribeirão Preto, em São Paulo, que arrendei para cana. Nos últimos anos, têm surgido vários condomínios nos arredores da cidade. Acho que seria um bom negócio lotear a área para a construção de um, mas não tenho capital e nem experiência para realizar o projeto sozinho. O que devo fazer? Procuro um incorporador? Quais seriam os passos necessários para a viabilização do projeto? Qual é o potencial de ganho em um negócio assim?

   Procurar um incorporador, ou loteador e fazer com ele uma permuta do empreendimento pelo terreno: em média, de 35% a 40%, do número total de lotes do empreendimento, ficarão para o proprietário da área e o restante pertencerá ao incorporador ou loteador. Sobre os passos necessários, busque orientações com o incorporador ou loteador, assim como consulte um advogado especializado em direito imobiliário. O potencial de ganho em um negócio assim é substancial, pois toda uma infraestrutura faz parte do empreendimento: asfaltamento, instalações elétricas e hidráulicas, áreas de lazer de uso comum, etc.

7. Estou em dúvida se compro uma quitinete ou um pequeno conjunto comercial. O preço de ambos é praticamente o mesmo: 150 mil reais. Qual deles me daria uma melhor rentabilidade com aluguel? Se eu quiser vendê-lo após alguns anos, qual terá maior potencial de valorização?

   Ambos dão uma boa rentabilidade com aluguéis, mas, no momento da venda, o escritório pode ser vendido com mais facilidade e alcançar um valor maior.

8. Tenho 1 milhão de reais para investir em imóveis. Com essa quantia consigo comprar lojas em *shopping*? Como faço para investir nelas? A renda com aluguéis nesse tipo de loja compensa? O que devo levar em consideração ao escolher o *shopping* no qual pretendo investir?

   Normalmente, as lojas de *shopping* não são vendidas. Vale a pena investir o seu dinheiro num Fundo Imobiliário para esse empreendimento, que é administrado por profissionais com experiência e conhecimento profundo do mercado imobiliário. Para mais informações sobre essa categoria de fundos, consulte o site : <http://www.bmfbovespa.com.br/Fundos-Listados/Fundos-Listados.aspx?Idioma=pt-br&tipoFundo=imobiliario>.

9. Tenho 33 anos e quero comprar um pequeno apartamento de 45 metros quadrados localizado em uma região em que há faculdades, escolas, comércio e hospitais. Penso que seja um ótimo investimento para o meu futuro. Ele custa 280 mil reais. Não tenho esse dinheiro e precisarei fazer um financiamento, e gostaria que fosse de no máximo 10 anos. Estou avaliando fazer um consórcio ou recorrer ao crédito imobiliário que o meu banco ofereceu. O que seria melhor? Qual é a taxa de juros mais baixa que consigo negociar com o meu banco?

   O melhor é o financiamento bancário. A taxa praticada hoje no mercado é de 8% a 10% ao ano. Sobre o consórcio, você não sabe quando será sorteado, ou se o seu lance será vencedor e receberá o imóvel e poderá ter que esperar por um prazo sobre o qual você não terá controle.

10. Possuo 450 mil reais para investir em imóveis. Estou avaliando duas possibilidades: adquirir pequenas salas comerciais para obter renda com aluguéis, ou aplicar em um Fundo Imobiliário. O que eu devo fazer? Não é muito arriscado investir em um Fundo Imobiliário? Em qual tipo consigo a melhor rentabilidade?

    Neste caso, a melhor opção é adquirir uma ou duas pequenas salas comerciais, pois você terá mais flexibilidade, caso precise vender uma delas em um futuro próximo. No fundo imobiliário, há a vantagem da renda gerada não pagar IR. Esse tipo de fundo apresenta baixo risco.

11. Nossa família mora no interior de São Paulo. Nosso filho acaba de entrar na USP e se mudará para a capital. Vamos dar de presente para ele um imóvel onde

irá morar. Estamos em dúvida se compramos um *loft*, um *flat* ou uma quitinete. O que vocês acham? Qual deles tem o maior potencial de valorização no caso do nosso filho decidir vendê-lo futuramente?

Loft é um apartamento com o pé direito maior que o normal. Às vezes, um apartamento duplex com mezanino também é chamado assim. *Flat* é um hotel--residência – muito impessoal para morar e caro. Quitinete é um apartamento pequeno com quarto, sala e cozinha conjugados. Esta é a solução mais econômica para se morar e, dos três, o tipo de imóvel que tem o melhor potencial de valorização a longo prazo, tanto para renda com aluguéis quanto para venda.

12. Sou profissional liberal e o meu escritório é alugado. Gostaria de ter o meu próprio imóvel. Encontrei um conjunto comercial que me agradou muito. O proprietário pede 330 mil reais. Tenho 150 mil reais e precisarei fazer um financiamento para pagar o restante. Pelo meu banco não é viável, pois não consigo comprovar renda. Que outras opções de financiamento há no mercado? Qual a mais indicada para o meu caso?

Com o dinheiro que já possui, sugerimos que compre um imóvel na planta cujo preço é significativamente menor do que um pronto, e com melhores condições para pagamento. Uma segunda opção seria poupar recursos e investi-los até ter a quantia necessária para comprar à vista o imóvel pronto. Nesse caso, talvez valha a pena fazer uma análise das opções de Consórcio Imobiliário, verificando o histórico dos valores de lance, se seus recursos disponíveis superariam as médias de lances passadas no plano, e se o valor do bem consorciado cobriria o valor que se pretende adquirir.

13. É um bom negócio comprar apartamentos e salas comerciais na planta e vendê-los de um a dois meses antes da entrega das chaves?

É arriscado, pois depende da demanda do mercado na ocasião, da situação da economia e localização dos imóveis. Comprá-los, alugá-los e vendê-los após cinco ou dez anos poder ser uma escolha melhor. Mas cuidado, pois há momentos em que ofertas de locações são elevadas, afetando (baixando) assim o valor locatício.

14. Comprei há dez anos uma sala comercial de 40 metros quadrados no bairro de Pinheiros, em São Paulo, por 100 mil reais. Hoje, o imóvel vale 450 mil reais. Pensei

em vendê-lo e comprar de duas a três salas comerciais em bairros mais afastados, que tenham potencial de se desenvolver. O que acham? É uma boa ideia?

Primeiro, você deve avaliar se, realmente, os bairros apresentam indicativos de desenvolvimento, procure informações sobre projetos de infraestrutura planejados e em andamento para essas localidades, converse com moradores e corretores dessas regiões para saber como está o mercado imobiliário nelas. Se você encontrar indícios consistentes de que tais bairros possuem potencial, pode ser sim uma boa ideia comprar imóveis, porque eles poderão valorizar. Porém, sugerimos que, em vez de já comprar dois ou mais imóveis de uma vez, ou em um curto espaço de tempo, invista gradativamente, adquira um e dê um tempo de pelo menos dois anos para acompanhar se a localidade está realmente evoluindo, para daí comprar o segundo.

15. Tenho 1,2 milhões de reais para investir em imóveis. Gostaria de aplicar um pouco em fundos imobiliários, comprar pequenos imóveis e terrenos. O que acham desse modelo de diversificação? Qual é a melhor estratégia?

Sugerimos você aplicar 1/3 do montante em uma ou duas salas comerciais e alugá-las; e o restante em fundos imobiliários que garantem uma renda mínima e não pagam IR. Os riscos de perda destes fundos são baixos na atual conjuntura econômica brasileira. Porém, podemos citar como riscos dessa modalidade de investimento: inflação alta, que gere uma elevação de juros no mercado financeiro; perda de valor dos aluguéis dos imóveis; ou a desocupação dos mesmos.

16. É um bom negócio investir em imóveis em cidades que sediarão grandes eventos esportivos, como Rio de Janeiro e São Paulo?

A perspectiva de investimentos em infraestrutura no Rio de Janeiro, por conta da Copa do Mundo de 2014 e das Olimpíadas de 2016, aliada a busca por terrenos para construção de hotéis e a execução de uma melhor política de segurança pública, geraram enorme efervescência no mercado imobiliário local. De 2009 a 2011, em alguns bairros da cidade, os imóveis obtiveram valorização acima de 60% (dados do Secovi – RJ), com chance de aumento nestes valores. Em São Paulo, o mesmo ocorreu: bairros com valorização de 100% em um ano (ex.: Centro).

O mercado imobiliário é sempre dimensionado a partir da mensuração de fundamentos sólidos. O mesmo vale para o *boom* imobiliário do Rio, que se sustenta no cruzamento de alguns fatos, por exemplo, a perspectiva de investimentos públicos e privados na cidade, em virtude de dois grandes eventos internacionais; interesse de investidores para adquirir imóveis e escassez de terrenos para construção de empreendimentos hoteleiros. Quem deseja comprar ou vender imóveis precisa observar se, de fato, os investimentos públicos e privados anunciados numa região irão ocorrer.

17. E investir em regiões que vivem um *boom* econômico?

A criação de um polo de desenvolvimento econômico numa região reflete, diretamente, em seu mercado imobiliário local. O crescimento das atividades do setor petroquímico nas bacias de Santos (SP) e Campos (RJ) é um exemplo disso. Nos dois casos, o ponto de partida para a forte aceleração das regiões foi a descoberta do pré-sal, que suscitou o crescimento da oferta de empregos em municípios onde a Petrobrás concentra suas operações. Em Santos e Campos, este aumento gerou demanda por imóveis, valorização e lançamentos de novas unidades. Grandes grupos do setor imobiliário se deslocaram até às cidades próximas das plataformas de exploração, pela demanda de moradias e espaços comerciais. Eles se depararam com uma convergência de fatores positivos: escassez de imóveis novos e chegada de profissionais do setor petroquímico com renda mais elevada do que a média da população local.

Investidores devem ficar atentos ao seguinte quadro que pode se configurar numa oportunidade: descompasso entre maior demanda por imóveis e sua oferta, incidindo em aumento de preços. Em Santos e Campos, o movimento migratório promete durar anos. *Boom* econômico concentrado numa região costuma aquecer mercado imobiliário de venda e de locação. Muitas pessoas também preferem alugar imóveis em vez de comprá-los assim que chegam a uma cidade, para ter certeza que vão adaptar-se à região. Esta demanda por imóveis para locação, somada ao potencial de valorização, costuma atrair muitos investidores.

Entretanto, casos de grande crescimento imobiliário podem levar a um excesso de oferta, após algum tempo. Assim, é necessário entender bem as mudanças pelas quais uma cidade ou região passam e como o mercado imobiliário está se desenvolvendo neste cenário antes de adquirir unidades.

18. Quais sinais podem indicar que o mercado de imóveis de uma região ou cidade está entrando em crise?

Todo mercado vive ciclos. No setor imobiliário, ocorre a mesma coisa, atentando-se que o ciclo de realização de um empreendimento imobiliário é bastante longo, em geral de 36 a 48 meses, desde a compra do terreno até a obtenção do Habite-se, e efetiva entrega dos imóveis. Períodos de aquecimento costumam atrair muitos investidores interessados em obter lucros com a valorização de imóveis. No entanto, é fundamental observar com atenção o quadro atual e a projeção do mercado imobiliário antes de realizar um investimento. Alguns sinais de que o setor está entrando em desaceleração são visíveis e o investidor precisa ficar atento a eles:

- Diminuição do ritmo no aumento de preços;
- Aumento de quantidade de empreendimentos com poucas unidades vendidas no lançamento;
- Diminuição do volume de financiamentos para compra de imóvel;
- Diminuição do volume de lançamentos de novos empreendimentos;
- Aumento dos anúncios de incorporadoras oferecendo seus produtos com descontos significativos.

Desaceleração não significa crise. Grandes ofertas de imóveis, após anos de demanda reduzida, configuram saturação de mercado. Neste novo momento de maturidade, o setor reconfigura-se em relação aos preços, são realizadas promoções com descontos significativos, diminuição da quantidade de lançamentos em geral e de determinados tipos de produtos, alteração das características dos empreendimentos (áreas privativas menores, por exemplo, para a mesma quantidade de ambientes).

19. Que tipo de documento devo assinar com a incorporadora na compra de um imóvel novo, em construção?

Instrumento Público ou Particular de Compromisso de Venda e Compra.

20. O que é uma Escritura de Compra e Venda? O que é um Instrumento Particular de Compromisso de Compra e Venda?

Escritura de Compra e Venda é o documento público utilizado para a transferência de titularidade do imóvel.

Instrumento Particular de Compromisso de Compra e Venda é um contrato/ instrumento particular com declaração de vontades, firmado entre duas ou mais pessoas.

21. Qual é o custo de uma escritura? Que outros custos existem na compra de um imóvel?

O custo da escritura é calculado com base no valor de transação do imóvel ou valor venal atribuído pela prefeitura, o que for maior irá prevalecer. O seu cálculo é baseado em tabela publicada pelo poder público (ex.: Tribunal de Justiça, Governo Estadual, Associação dos Notários e Registradores).
Além do pagamento dos custos da escritura, existe o custo do Imposto de Transmissão de Bens Imóveis (ITBI), e o custo do Registro da Compra e Venda.

22. O que é ITBI? Qual a porcentagem do valor de compra? Como é calculado seu valor?

ITBI é o imposto pago à prefeitura municipal referente à transmissão do imóvel, sua sigla significa Imposto de Transmissão de Bens Imóveis – Inter Vivos e a alíquota pode variar de acordo com cada município. Em São Paulo, o valor da alíquota é de 2%. O cálculo é feito sobre o valor da venda ou o valor atribuído pela prefeitura, o que for maior irá prevalecer.
Exemplificando: no município de São Paulo, na compra de um imóvel de 600 mil reais, no ato da outorga de escritura definitiva de venda e compra, o ITBI é de 12 mil reais. No Cartório de Notas, o valor é de 3 800 reais e do Registro de Imóveis de 3 100 reais. Esses valores são aproximados, usados para ilustração.

23. O que é Valor Venal? Ele se sobrepõe ao preço de venda no cálculo do ITBI e dos emolumentos?

Valor Venal é o valor que a municipalidade atribui ao imóvel para fins tributários, ou seja, para cobrança de impostos, como IPTU e o ITBI. Esse valor é declarado anualmente pela prefeitura, tomando-se por base o valor do metro quadrado do terreno e da construção para cada região do município.
Para fins de cálculo do imposto é considerado o valor do negócio (contrato) e o valor venal lançado pela prefeitura, o que for maior vai prevalecer.

24. Qual a diferença entre Cartório de Notas e Cartório de Registro de Imóveis ou RGI?

O Cartório de Notas é responsável por lavrar a escritura de compra e venda, e o Cartório de Registro de Imóveis é responsável por registrar a venda na matrícula do imóvel.

25. Quais são as responsabilidades da incorporadora/construtora? Qual prazo de responsabilidade delas?

A incorporadora/construtora é responsável pela entrega do imóvel de acordo com o que está descrito na incorporação imobiliária, seguindo rigorosamente o projeto aprovado pela prefeitura.
A responsabilidade das construtoras pode variar de 1 a 5 anos, dependendo do grau de defeito surgido. No caso de responsabilidade estrutural, essa responsabilidade perdurará por 5 anos.

26. O que são vícios de construção?

Existem dois tipos de vícios: aparentes e ocultos. Vícios aparentes são aqueles que você consegue visualizar na vistoria para recebimento do imóvel (trincos, paredes e pisos quebrados, pintura malfeita, etc.) Já os vícios ocultos você somente consegue perceber com o uso (problemas com instalações elétricas e hidráulicas principalmente).

27. Quem deve pagar a comissão do corretor de imóveis?

Quem paga a comissão é o vendedor.

28. O que é a Vistoria do imóvel?

Vistoria do imóvel é o momento anterior à entrega de chaves, onde o cliente tem a oportunidade de verificar se o imóvel está de acordo com o que foi prometido na venda, bem como se suas peças (torneiras, chuveiros, ralos, parte elétrica, portas, fechaduras, esquadrias, do imóvel estão em perfeito funcionamento, entre outros componentes do imóvel a ser recebido)

29. O que é a entrega de chaves?

É o momento que a incorporadora/construtora transmite a posse do imóvel ao cliente.

30. Mesmo após o recebimento das chaves, posso solicitar à construtora o conserto de problemas que surgirem posteriormente? Até quando? Quando cessa a responsabilidade da incorporadora/construtora, se o problema ainda não tiver sido solucionado (ex.: surgimento de vazamento, mofos)?

Aparecendo problemas após o recebimento das chaves, o proprietário só deve procurar a incorporadora/construtora, caso este não tenha sido ocasionado por mau uso, bem como se estiver dentro do prazo de garantia, informada no Manual do proprietário. No caso de vício oculto, o proprietário deve procurar a incorporadora/construtora em até noventa dias após o aparecimento.

31. O que é Assembleia de Constituição do Condomínio? Devo participar? Devo cumprir as deliberações definidas nela?

Assembleia de Constituição do Condomínio é a primeira reunião do condomínio. Nela é feita a abertura oficial do condomínio, quando são eleitos o Corpo Diretivo, composto pelo síndico, subsíndico e conselheiros. Sempre é importante participar das reuniões para ter ciência dos assuntos discutidos, ou os que serão futuramente. Todas as deliberações definidas na assembleia devem ser respeitadas, pois são de obrigatoriedade de todos os condôminos, tenham eles participado da assembleia ou não.

32. O que é TR, INCC e INPC? Como eles se aplicam ao meu contrato de compra de imóvel novo, em construção?

TR - Taxa Referencial; INCC - Índice Nacional da Construção Civil (calculado pela FGV); INPC - Índice Nacional de Preços ao Consumidor (calculado pelo IBGE); IGPM - Índice Geral de Preços ao Mercado (calculado pela FGV), são índices referenciais da economia utilizados para correção monetária de contratos. Aplicam-se com pagamentos parcelados, para correção do saldo devedor.

33. A) O que é uma Hipoteca Imobiliária? B) O imóvel que adquiro pode estar hipotecado a um agente do SFI? C) Quando meu imóvel será considerado quitado? D) Que tipo de documento comprova a quitação do meu imóvel? E) Devo levar o recibo de quitação (Termo de Quitação) para registro? Onde?

A) Hipoteca é um direito real de garantia de pagamento; um ônus aplicado sobre o imóvel;

B) Sim, o imóvel adquirido pode estar hipotecado a um agente financeiro até a quitação do financiamento;
C) O imóvel será considerado quitado, após o pagamento da última parcela do preço;
D), E) Nos contratos com Alienação Fiduciária, após a quitação do imóvel, o vendedor ou agente financeiro, encaminha ao cliente o Termo de Quitação, que deve ser levado ao Registro de Imóveis, para ser averbado na matrícula do imóvel e, assim, dado o cancelamento e baixa da Hipoteca na Matrícula do imóvel perante o Cartório de Registro de Imóveis.

34. O que é número de Matrícula ou Ficha de Matrícula de um imóvel? O que é informado na Matrícula do imóvel?

Matrícula é o documento obtido no Cartório de Registro de Imóveis onde consta todo o histórico do imóvel, através de sucessivos registros e averbações. A Matrícula o descreve com suas transformações, quem é o proprietário, bem como todos os atos praticados com o imóvel.

35. Atos pessoais (casamento, desquite, falecimento...) devem também ser levados para registro ou averbação no Cartório de Registro de Imóveis?

Sim, todos os atos pessoais que alterem a situação do(s) proprietário(s) do imóvel devem ser registrados em sua matrícula.
Deve-se levar a registro, ou averbação no Cartório de Registro de Imóveis ou RGI todos os atos das pessoas ou referentes a elas, que, de alguma forma, alterem ou venham a alterar os direitos de propriedades, além das transações imobiliárias (compra, venda, doação, hipoteca, permuta, locação...) em si.

36. Vale a pena eu gastar o dinheiro para fazer escritura e providenciar o registro no Registro de Imóveis? Vale a pena aguardar fazer a escritura num momento mais apropriado?

Sim. Para maior segurança, não existe momento "mais" apropriado, a escritura do imóvel deve ser providenciada sempre após a quitação do preço e levada a registro na maior brevidade.

37. O que é Habite-se?

Habite-se (Auto de Conclusão da Obra) é o documento emitido pela autoridade competente atestando que o imóvel foi construído seguindo as exigências (legislação local – especialmente o Código de Obras do Município) estabelecidas pela prefeitura para aprovação do projeto. Ele libera o imóvel para ser entregue e habitado.

38. Quando o comprador de imóvel na planta poderá iniciar a reforma do seu imóvel? É melhor solicitar à incorporadora/construtora para procedê-la?

A reforma do imóvel em construção pelo comprador somente é permitida após a entrega das chaves, entretanto, algumas incorporadoras/construtoras, no período de obras, oferecem aos clientes as opções de modificativos e, excepcionalmente, algumas visitas técnicas para medições simples e visualizações. Existindo essa possibilidade, é aconselhável executar a reforma com a própria construtora.

39. Quais as responsabilidades do comprador na reforma do imóvel adquirido? Deve-se consultar a incorporadora/construtora quanto à reforma pretendida?

Se a reforma do imóvel for executada pelo construtor, ele será o responsável pelos serviços executados, todavia, se a reforma for executada por terceiros, a construtora não poderá ser responsabilizada. Em reformas pelo comprador, é essencial ter a assistência de um profissional habilitado para a reforma, que se responsabilize tecnicamente pelas obras.

40. Numa reforma, deve-se obrigatoriamente contratar um profissional com credenciamento (Ex.: profissional com CREA)?

Não necessariamente, todavia, é aconselhável conhecer o profissional que está sendo contratado. Mas deve-se levar em consideração o porte da obra que se pretende realizar e suas consequênciais.

41. Na compra de um imóvel usado, quais os documentos relativos ao imóvel que devem ser solicitados?

a) Certidão de Matrícula recente (validade de 30 dias) do Registro de Imóveis, com as suas respectivas averbações e desdobros expedida pelo competente Cartório de Registro de Imóveis;
b) Certidão negativa de Impostos Municipais (IPTU), ou como substituto, o respectivo comprovante de pagamento das parcelas vencidas;

c) Cópia da capa do IPTU do ano anterior;
d) Declaração de quitação de débitos condominiais recente (validade de 30 dias), devidamente assinada pelo síndico ou administrador do condomínio, com firma reconhecida (no caso de edifício);
e) Convenção Condominial, Regulamento Interno e Ata de Assembléia de eleição do atual síndico/administrador (cópias simples);
f) Cópia autenticada do título aquisitivo devidamente registrado no órgão competente.

42. E referentes aos Promitentes Vendedores:

a) Cópia do Contrato Social em sua última alteração consolidada, declarando os representantes legais da empresa para a alienação de imóveis ou cópias de RG e CPF/MF no caso de pessoa física;

b) Cópia do cartão do CNPJ/MF;

c) Certidões negativas dos Distribuidores Cíveis Forenses do foro local da Comarca de São Paulo, pelo período de dez anos anteriores;

d) Certidões Negativas dos Cartórios de Protestos da Comarca de São Paulo, pelo período de cinco anos anteriores;

e) Certidões Negativas da Justiça Federal, pelo período de cinco anos anteriores;

f) Certidões Negativas dos Executivos Fiscais, Municipais e Estaduais, do foro local da Comarca de São Paulo, pelo período de dez anos anteriores;

g) Certidão Negativa do Executivo Fiscal da União, pelo período de dez anos anteriores;

h) Certidão Negativa de falências, concordatas e recuperação judicial;

i) Certidões Negativas da Justiça do Trabalho;

j) Certidão negativa ou equivalente de débitos, expedida pelo INSS;

k) Xerox dos documentos pessoais do representante legal da vendedora.

43. Que fatores afetam, diretamente, o valor de um imóvel?

a) Fatores positivos/favoráveis

- Inexistência de enchentes na região;

- Proximidade do metrô, transporte coletivo em grande quantidade;
- Facilidade de acesso;
- Infraestrutura urbana: escolas, faculdades, comércio, *shopping centers*, hospitais;
- Previsão de intervenção/recuperação urbana;
- Posição do sol, iluminação, ventilação;
- Vistas, *skyline;*
- Distanciamento em relação aos prédios vizinhos;
- Estado de conservação do imóvel e dos prédios vizinhos;
- Inexistência de fatores perturbadores (casas noturnas, baladas, eventos públicos).

b) Fatores negativos/desfavoráveis

- Enchentes;
- Viadutos com alto volume de tráfego;
- Obras viárias interrompidas;
- Corredores de ônibus;
- Trânsito excessivo;
- Dificuldades de acesso;
- Falta de distanciamento aos prédios vizinhos, prédios colados;
- Vistas degradadas;
- Rota de aviões;
- Feiras livres na entrada do imóvel;
- Próximo a locais de comemorações em datas festivas.

44. O meu imóvel adquirido necessariamente será idêntico ao *show-room* da incorporadora que visitei?

Não. O apartamento apresentado no *stand* de vendas é montado sugerindo uma decoração, mas nem sempre está na planta. O importante quando se adquire um imóvel é ter conhecimento da planta e do Memorial Descritivo do imóvel. É aconselhável assinar a planta junto com o contrato.

45. A Incorporadora pode alterar a planta ou objeto de venda sem meu consentimento? O que ela pode alterar à minha revelia?

Não, a incorporadora não pode alterar a planta do imóvel, ela deve seguir o projeto aprovado na prefeitura. Caso haja alterações no projeto exigidas por um órgão público, caberá à incorporadora realizar tais adequações. A incorporadora pode alterar até 5% da área do imóvel, conforme lhe permite a Lei.

46. Como o investidor deve proceder em relação a erros e vícios de construção?

Erros na execução da obra envolvem danos visíveis e invisíveis, uns constatáveis de imediato, outros, somente meses ou anos depois de recebimento do imóvel. No primeiro caso, o investidor pode encontrar problemas como inclinação inadequada do piso para escoamento da água ou portas emperradas. Há queixas também de vagas de garagem com excesso de colunas, o que dificulta a manobra. O investidor deve solicitar à companhia o mapeamento das garagens, quando estiver iniciando a negociação para a aquisição de uma unidade, mas frequentemente são realizados sorteios após o recebimento das chaves e o morador já estará usando o imóvel. Outra dica: consultar o Memorial Descritivo dos materiais que serão utilizados na obra. Problemas identificados no ato da vistoria devem ser informados à construtora, por escrito, no momento ou no prazo máximo de seis meses. Para defeitos em instalações elétricas e hidráulicas, vazamentos na tubulação de gás, problemas estruturais, rachaduras, impermeabilização, o prazo de responsabilidade da incorporadora é maior, de até cinco anos do recebimento do imóvel.
A vistoria técnica de um imóvel ocorre antes da entrega das chaves. Nesta ocasião, o investidor precisa ficar atento a certos aspectos, como qualidade da pintura e dos rejuntes, quebras de pias e cubas, persianas e esquadrias em perfeito funcionamento, acesso a elevadores. Deve observar se no imóvel há infiltrações de água, manchas em pisos e rachaduras em pisos e paredes. Não podem existir vazamentos em descargas, sifões, cubas e torneiras. Deve ser checado também se há odor proveniente dos ralos, bacias ou pias, sendo conveniente deixar a água correr por algum tempo. O mesmo vale para as portas e janelas, que também precisam estar alinhadas com as paredes.
O investidor pode solicitar à empresa a realização de um teste de jogar água, na sua presença, em áreas que costumam ser molhadas, para verificar o escoamento da água, o famoso teste do balde. Luz e gás não costumam estar ligados em dias de vistoria. Por isso, o investidor deve solicitar que a empresa inclua a informação que os dois quesitos não foram testados, no termo de vistoria. O termo de vistoria só pode ser assinado assim que a empresa realizar os reparos. O investidor também tem o direito de solicitar uma segunda vistoria para verificar se os

defeitos constatados foram sanados. Todos os problemas apontados devem ser anotados no relatório de vistoria, com protocolo de recebimento, e sempre que possível, manter por escrito os entendimentos entre as partes.

47. É normal que o imóvel seja entregue sem pisos de acabamento em alguns ambientes?

Sim, é normal. O compromissário comprador deve se atentar ao Memorial Descritivo anexo ao contrato.

48. As vagas da garagem pertencem à minha área privativa ou são parte da área coletiva? E um depósito fechado, quando existir, é parte da área privativa ou coletiva?

As vagas de garagem normalmente são de uso exclusivo de cada apartamento, mas pertencem a área coletiva.
Normalmente, os depósitos fechados fazem parte da área privativa, todavia, deve-se confirmar como está descrito na incorporação imobiliária.

49. Assinei o contrato, paguei as prestações, recebi as chaves. Depois notei que não existe infraestrutura para receber ar- condicionado, por exemplo. Como devo proceder?

Antes de assinar o contrato, o cliente deve se informar sobre a infraestrutura do empreendimento lendo o Memorial Descritivo. Caso não conste nenhuma informação sobre ar-condicionado, quer dizer que ela não existe.

50. O que é área útil? E área total?

Área útil é a área de uso privativo do imóvel. A área total abrange a de uso privativo, a de uso comum e as vagas de garagem.

51. A incorporadora tem a obrigação de entregar a infraestrutura (móveis de recepção, salão de festas, sala de ginástica, equipamentos de piscina) do condomínio?

A incorporadora não é obrigada a entregar o condomínio equipado e decorado se isso não estiver determinado no Memorial Descritivo, porém, é obrigada a entregar todos os itens que constem neste documento que deve estar anexado ao contrato.

52. No caso de imóvel na planta, como é definido o valor do condomínio e a partir de quando o investidor é responsável por pagá-lo?

Se a compra do imóvel é na planta, a empresa não é obrigada a revelar com exatidão o valor do condomínio, tampouco teria condições para tal. O valor informado reflete uma estimativa do que é cobrado em empreendimentos similares, pois cada condomínio poderá tomar decisões autônomas, como lhe for mais conveniente, na definição dos custos de manutenção assim como eventuais cobranças extras, para investimentos que os condôminos aprovarem como necessários. Os itens que mais pesam no valor do condomínio são a folha de pagamento dos funcionários, os encargos e o custo de manutenção com elevadores. São as administradoras, por meio da figura do síndico, ou corpo diretivo, que definem os valores dos condomínios, atendendo as expectativas e necessidades, e não à incorporadora e os corretores. A incorporadora será a responsável pelo pagamento condominial das unidades ainda não vendidas ou não entregues, cessando sua responsabilidade no ato do repasse das chaves e recebimento pelo comprador, que passa também a ser um condômino.

53. Incide IR no recebimento de aluguéis?

Sim. Para pessoa física, o imposto pode chegar até 27,5% (de acordo com a tabela de IR). Para pessoa jurídica, o imposto é menor, em torno de 16%.

54. Um investidor, ao vender um imóvel que possua, deve pagar qual percentual do valor de corretagem?

É de praxe que a imobiliária faça o pleito do comissionamento de 6% sobre o valor da transação. Entretanto, elas geralmente darão sinais de apoio à negociação, flexibilizando a porcentagem bem como a forma de recebimento dos seus honorários.

55. Como o investidor deve lidar com atrasos na entrega do imóvel?

Caso o investidor tenha optado por adquirir um imóvel na planta, é importante ele estar ciente de que eventuais atrasos na entrega de um apartamento podem ocorrer.

A atividade da construção civil lida com alguns riscos como excesso de chuvas e falta de material. Uma crise econômica mundial também pode desestabilizar cronogramas de obras. Estes argumentos são válidos tanto para justificar atrasos previstos em contrato, como para o período posterior, caso ocorra algo imprevisível, como uma catástrofe natural ou uma greve que afete o segmento da construção civil. O investidor precisa observar se no contrato consta uma cláusula de multa por atraso na entrega e quais consequências que ele pode pleitear por demoras injustificadas, como aluguel, até ficar pronto. Geralmente a incorporadora se resguarda a tolerância de até seis meses para a conclusão e entrega do imóvel.

As pessoas que desejarem desistir por causa de atraso na entrega, podem pedir rescisão de contrato e a devolução dos valores pagos, com correção monetária e conforme cláusulas contratuais. Aqueles que optarem por não desistir, devem negociar com a incorporadora uma indenização. Nesta etapa, é fundamental que as pessoas anexem à sua solicitação comprovantes de despesas, como aluguel e guarda-móveis. Caso o investidor esteja morando temporariamente na casa de um amigo ou parente, o cálculo levará em conta um valor aproximado. Para orientações detalhadas, consulte o seu advogado, ou o Procon. E lembre-se: busque uma solução negociada, pois ela é muito melhor do que uma longa disputa judicial.

Mensagem dos autores

O nosso objetivo foi apresentar-lhe uma visão geral e de forma prática sobre o mercado imobiliário, apontando os cuidados necessários na compra e venda de imóveis e os critérios de escolha dos seus diversos tipos.

Muitas e muitas vezes presenciamos os momentos que antecederam o investidor tomar a decisão de comprar ou vender um imóvel. Assim, procuramos transmitir essa experiência de forma acessível e agradável.

Nossa recomendação é que você invista, prioritariamente, em imóveis, para obter renda por meio de aluguéis, ou aplique o seu dinheiro em Fundos de Investimento Imobiliário. Em segundo lugar, ao buscar ganhar dinheiro com a diferença entre o preço que pagou e o que vendeu, dê o tempo necessário para que o seu imóvel se valorize – isso normalmente acontece no longo prazo, com imóveis localizados em áreas que possuam infraestrutura. Evite fazer negócios no curto prazo: tentar adivinhar o melhor momento para comprar e vender um imóvel é arriscado.

E nunca se esqueça que a localização é fundamental, pois ela é um dos principais componentes no longo prazo que tendem a gerar a apreciação dos aluguéis e a elevação do seu valor.

Muito obrigado por investir os seus preciosos tempo e dinheiro para ler este livro.

Contato com os autores:
gbenevides@editoraevora.com.br
whsin@editoraevora.com.br

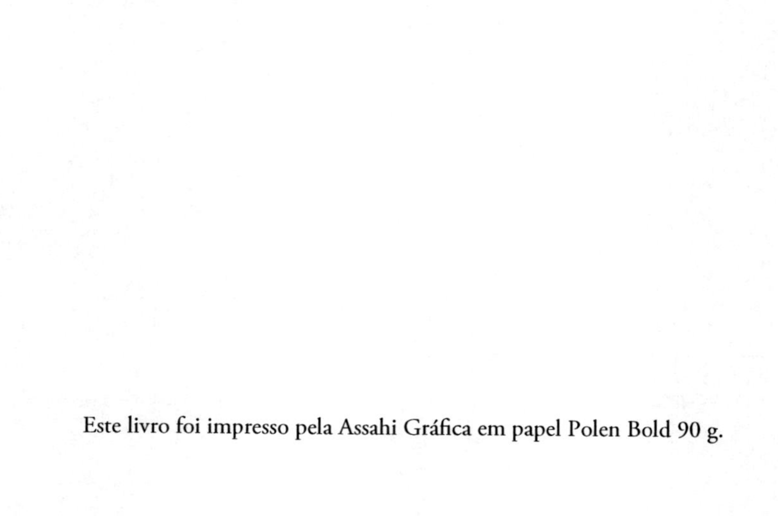

Este livro foi impresso pela Assahi Gráfica em papel Polen Bold 90 g.